いつでも どこでも
スマホで数学！

Maxima on Android
活用マニュアル

梅野善雄 著

森北出版

●本書のサポート情報を当社 Web サイトに掲載する場合があります.
下記の URL にアクセスし,サポートの案内をご覧ください.

http://www.morikita.co.jp/support/

●本書の内容に関するご質問は,森北出版 出版部「(書名を明記)」係宛
に書面にて,もしくは下記の e-mail アドレスまでお願いします. なお,
電話でのご質問には応じかねますので,あらかじめご了承ください.

editor@morikita.co.jp

●本書により得られた情報の使用から生じるいかなる損害についても,
当社および本書の著者は責任を負わないものとします.

■本書に記載している製品名,商標および登録商標は,各権利者に帰属
します.

■本書を無断で複写複製（電子化を含む）することは,著作権法上での
例外を除き,禁じられています. 複写される場合は,そのつど事前に
(社)出版者著作権管理機構（電話 03-3513-6969,FAX 03-3513-6979,
e-mail:info@jcopy.or.jp）の許諾を得てください. また本書を代行業者
等の第三者に依頼してスキャンやデジタル化することは,たとえ個人や
家庭内での利用であっても一切認められておりません.

はじめに

　この本を手にする方は，数学がわからなくて困っている方か，または「スマートフォン（以下，スマホ）」と「数学」の結びつきが気になって手に取った方ではないでしょうか.

　この本のキーワードは，「数式処理」という機能にあります. スマホにこの機能をもつアプリをインストールすると，数学の式の展開・因数分解・方程式の解法や微分積分の計算を，式のままで行うことができます. さらには，大学で学ぶ線形代数・微分方程式・フーリエ解析なども含め，様々な分野の数学の計算を式のままで行うことができ，空間の曲面まで含めた多様なグラフを表示させることができます. 次のページに，いくつかの典型的な計算例を示しました. これが，「数式処理」という機能です.

　この機能を利用すると，数学の勉強をしていて

　　　　　この式を計算すると，どのようになるのだろうか？

　　　　　この関数のグラフは，どのようなグラフになるのだろうか？

と思ったとき，その「式」や「関数」をスマホに打ち込めば，自分で計算しなくても即座にその結果を知ることができます. それにより，

　　　　　なるほど，こうなるのか！

　　　　　では，この場合はどうなるのだろうか？

と，次々に浮かんでくる数学上の疑問に対して，その疑問に思う式をスマホに打ち込むだけで結果を簡単に知ることができるのです.

　しかし，結果が簡単にわかるとはいっても，「数学」は自分で考えることがもっとも重要です. 数学を学習中の人が，訳もわからずにスマホの表示結果を単純に写し取っていくと，肝心の試験のときは限りなく 0 点に近くなってしまうでしょう. 自分で考えた結果が正しいかどうかの答え合わせとして，あるいは，いくら考えてもわからないとき，そのヒントを得るために結果を表示させてみる，という形で利用することが必要です.

i

一方，ある程度の基本が身についていて，どのように計算すればよいか
を十分に理解している場合は，単純に式を打ち込んで結果を眺めるだけで，
次々に自分の思考を推し進めていくことができます．「数式処理」の本来の
目的は，そのような「数学上の思考のツール」として利用することにあり
ます．

　本書では，スマホに無料でインストールできる数式処理アプリ

マキシマ

Maxima on Android

について，その使い方を解説します．

　スマホは，メール・電話・ゲーム・SNS・Web 検索だけではなく，数学
の学習ツールとして利用することもできるのです．Maxima は，Android
版だけでなく，Linux, Windows, MacOS など多様な OS 上で動き，いず
れも無料でインストールすることができます．有料の数式処理ソフトとし
ては Mathematica や Maple が著名ですが，Maxima はこれらよりも歴史
が古く，機能的にもひけをとらない本格的な数式処理ツールなのです[1]．

　このような数式処理の利用は，数学の苦手な人にとっては「数学がわか
るツール」となり，数学が得意な人にとっては「数学的思考を支援するツー
ル」となります．本書を通して，数学を学習するうえでの「数式処理」の
意義や有効性を実感いただき，数学の理解や数学を活用をするうえで役立
てていただければ幸いです．

■スマホで行う数式処理の具体例

（1）整数の素因数分解　　↳ p.48

```
(%i1) factor(172321976576031262654749075);
```
$$2\,3^2\,5^3\,7^4\,11^5\,13^6\,17^7$$

---

[1] Maxima の MacOS 版はありますが，iPhone や iPad でも利用可能な iOS 版は
まだ出ていません．iOS 版の数式処理アプリとしては Sage Math があり，その
中に Maxima も含まれています．使用法は Web サイトで検索してください．な
お，有料のアプリとしては PocketCAS や Mathstudio があります．

(2) 円周率を 30 桁表示　↳ p.45

```
(%i2) bfloat(%pi), fpprec:30;
```
$$3.14159265358979323846264338328_B \times 10^0$$

note 円周率 π は，Maxima では %pi として入力する．

(3) 式の因数分解　↳ p.28

```
(%i3) factor(x^8-1);
```
$$(x-1)(x+1)(x^2+1)(x^4+1)$$

(4) 文字係数を含む方程式の解　↳ p.29

```
(%i4) solve(a*x^2-2*b*x+c=0, x);
```
$$\left[x=-\frac{\sqrt{b^2-ac}-b}{a}, x=\frac{\sqrt{b^2-ac}+b}{a}\right]$$

(5) 関数 $e^{ax}\cos bx$ の不定積分　↳ p.37

```
(%i5) integrate(exp(a*x)*cos(b*x), x);
```
$$\frac{e^{ax}(b\sin(bx)+a\cos(bx))}{b^2+a^2}$$

(6) 2 変数関数のグラフ（図は別画面に表示される）　↳ p.92

```
(%i6) f(x,y):=sin(sqrt(x^2+y^2))/sqrt(x^2+y^2)$
(%i7) plot3d(f(x,y),[x,-10,10],[y,-10,10],[grid,50,50]);
```

はじめに　iii

本書の使い方

　本書は，主に大学初年次程度までの数学を対象に，数式処理ツール "Maxima" の Android 版の使い方を解説します．高校では学ばない項目には，右肩に★印をつけました．高校数学を学習中の方は，そのような項目は飛ばしてかまいません．

(1) PC 版の Maxima と同一コマンド

　PC 版の Maxima ではメニューから選択しながらコマンドを入力できますが，Android 版の Maxima では一つ一つのコマンドを自分で直接打ち込みます．そのコマンドは PC 版の Maxima と同一なので，本書は PC 版 Maxima の解説書として利用することもできます．

　ただし，PC 版の Maxima である wxMaxima では，コマンドの入力方法や実行方法に Android 版と異なる部分があります．付録3では，その違いについて概説しました．

(2) 順番に読む必要はない

　第1章では，インストールの方法や Maxima の基本的な使い方を説明します．とくに **1-5 Maxima の基本操作**は，その後の操作の基礎部分を解説しているので，必ず一通り目を通してください．

　その後の章や節は，必ずしも順番に読む必要はありません．目次や索引を参考にしながら，参照したいページを直接見てください．

(3) 日本語マニュアルの利用

　Android 版には，Maxima の公式マニュアルの日本語訳が同包されており，いろいろなコマンドの使用例を簡単に参照できる機能が追加されています．**1-6** では，そのマニュアルの使い方を説明します．また，付録1には，マニュアルの目次を収録しました．

(4) 数学上の計算ツール・思考の支援ツールとしての利用

　Maxima は，数学の「解答表示ツール」として利用するだけでも大きな学習効果が得られます．さらに，「紙と鉛筆」の代わりとして使用すれば，数学上の思考展開をよりスピードアップさせることができるでしょう．

Maxima on Android (MoA) について

Maxima on Android は，本田康晃氏により 2012 年にリリースされた Android OS 上の Maxima です．その開発にあたっては，下記に示すような多くのオープンソフトウェアが利用されています．

Maxima　GNU General Public License のもとで公開されている数式処理ソフトで，GNU Common Lisp で記述されています．詳しくは **1-2** を参照してください．

ECL　埋め込み可能な Common Lisp で，Common Lisp を C 言語に翻訳します．

MathJax　数式を Web ブラウザー上できれいに表示するための JavaScript のライブラリーです．

Gnuplot　2 次元や 3 次元のグラフを作成するフリーウェアのプログラムです．

Qepcad B and Saclib　数学の $\forall, \exists$ などの限定記号を含む式から限定記号を含まない等価な式を導く Saclib 上のライブラリーです．

jQuery Mobile　タッチ操作などを含むスマホのアプリケーションを作成するための，JavaScript のフレームワークです．

Maxima 日本語マニュアル　Maxima の英文マニュアルが，市川雄二氏により日本語に翻訳されたものです．

◆メニューボタン ▐ から [About Maxima on Android] を選択すると，詳しい解説（英文）を見ることができます．とくに，[MoA User Manual] には本書で触れることができなかった内容が解説されています．たとえば，以下のような内容があります．関心をもたれた方は参照してください．

　　・[Load Script File]
　　・[Dropbox support]
　　・[Qepmax package:Qepcad-Maxima interface]
　　・[User level customization in maxima-init.mac]

目　次

はじめに　　　　　　　　　　　　　　　　　　　　　　　　　　i

本書の使い方　　　　　　　　　　　　　　　　　　　　　　　iv

Maxima on Android (MoA) について　　　　　　　　　　　　v

本書の用語　　　　　　　　　　　　　　　　　　　　　　　　x

Chapter 1　**Maxima の概要とインストール**　　　　　　　1

▶　**1-1**　「数式処理」とは？・・・・・・・・・・・・・・・・・・・・・・・・・・・・・・・ 1
▶　**1-2**　Maxima の歴史・・・・・・・・・・・・・・・・・・・・・・・・・・・・・・・・・・・ 2
▶　**1-3**　MoA のインストール ・・・・・・・・・・・・・・・・・・・・・・・・・・・・・ 2
▶　**1-4**　数式入力のためのキーボード・・・・・・・・・・・・・・・・・・・・・・・ 5
▶　**1-5**　MoA の基本操作・・・・・・・・・・・・・・・・・・・・・・・・・・・・・・・・・・ 11

　1　MoA を起動して式の入力・出力をするには　11
　2　入力した式の修正・削除をするには　13
　3　MoA を終了するには　14
　4　セッションの保存と復元をするには　14
　5　四則計算とべき乗の計算をするには　16
　6　Maxima のコマンドを入力するには　18
　7　計算結果を小数で表示するには　20
　8　入力式や出力式を後で参照するには　21
　9　文字式を入力するには　22
　10　文字変数に値を割り当てたり解除したりするには　23
　11　結果の出力を抑制するには　24
　12　複数の値や式をまとめて一つのデータとするには　25
　13　円周率などの定数を使うには　27
　14　文字式の展開をするには　28
　15　文字式の因数分解をするには　28
　16　2 次方程式を解くには　29
　17　連立方程式を解くには　30
　18　使用できる関数は　31
　19　関数を定義するには　33
　20　関数のグラフを描くには　34
　21　関数の導関数や微分係数の値を求めるには　36
　22　関数の不定積分や定積分の値を求めるには　37

▶ **1-6** Maxima のマニュアル ･･･････････････････････････ 38

23 Maxima の日本語マニュアルを表示するには　38
24 Maxima の画面に戻るには　39
25 特定のコマンドの解説を見るには　40
26 マニュアルの使用例を自分で試すには　41

Chapter 2　**数と式の計算**　43

▶ **2-1** 数の計算 ･･･････････････････････････････････････ 43

27 計算できる整数の桁数は　43
28 小数の有効桁数は　44
29 浮動小数点数の有効桁数を変更するには　45
30 浮動小数点数を有理数で表すには　46
31 割り算の商と余りを求めるには　47
32 整数の素因数分解を行うには　48
33 順列や組合せの値を求めるには　49
34 平方根の積を計算をするには　50
35 分母の有理化をするには　51
36 分数の分子と分母を取り出すには　52
37 複素数の積や商を求めるには　54
38 複素数の実部・虚部や絶対値などを求めるには　55
39 複素数の極形式を求めるには　57
40 物理定数を利用するには　58
41 2 進数や 16 進数で入力・出力するには　60

▶ **2-2** 式の計算 ･･･････････････････････････････････････ 61

42 文字式を特定の文字で整理をするには　61
43 指定した次数の係数を取り出すには　61
44 式を複素数の範囲で因数分解するには　62
45 式を実数の範囲で因数分解するには　63
46 有理式を通分するには　63
47 有理式を部分分数に分解するには　65
48 等式から左辺と右辺を取り出すには　66

▶ **2-3** 「紙と鉛筆」としての利用例 ･･････････････････････ 67

Chapter 3　**方程式の解法**　69

49 3 次・4 次方程式を解の公式を用いて解くには　69
50 方程式の実数解の近似値を求めるには　72
51 多項式とは限らない方程式の実数解の近似値は　73
52 連立方程式の解に任意定数が含まれるときは　74

目　次　vii

Chapter 4　関数とそのグラフ　　75

▶ **4-1**　対数関数・三角関数の式変形 ······················· 75

53 対数の和や差を一つの対数にまとめるには　　75
54 一つの対数を対数の和や差に分けるには　　77
55 三角関数の基本公式を用いて式の簡約化をするには　78
56 加法定理などを利用して三角関数を展開するには　　80
57 三角関数の積やべき乗を和や差に直すには　　81

▶ **4-2**　関数の定義 ··· 83

58 Maxima のコマンドを含む関数を定義するには　　83
59 常用対数の値を求めるには　　84
60 三角関数を度数法で計算するには　　84
61 繰り返しや条件分岐を含む計算式を定義するには　　85

▶ **4-3**　1 変数関数のグラフ ······································ 88

62 複数の関数のグラフを描画するには　　88
63 陰関数のグラフを描画するには　　89
64 媒介変数表示された関数のグラフを描画するには　　90
65 極座標で表された曲線を描画するには　　91

▶ **4-4**　2 変数関数のグラフ ★ ··································· 92

66 2 変数関数のグラフを描画するには ★　92
67 媒介変数で表された曲面を描画するには ★　93

Chapter 5　数列と微分積分　　94

▶ **5-1**　数列 ··· 94

68 数列を定義するには　　94
69 数列の和を求めるには　　96
70 数列の漸化式から一般項を求めるには　　97
71 数列の極限値の値を求めるには　　98

▶ **5-2**　微分法 ··· 98

72 関数の極限値の値を求めるには　　98
73 関数の片側極限値の値を求めるには　　99
74 関数の極値を与える点や変曲点の座標を求めるには　100
75 陰関数の導関数を求めるには　　102
76 関数をテイラー展開するには ★　103
77 2 変数関数の偏導関数を求めるには ★　104

▶ **5-3**　積分法 ··· 105

78 文字定数を含む式の不定積分を求めるには　　105
79 不定積分の置換積分を行うには　　107

viii　目　次

80 有理式の不定積分を求めるには　109
81 不定積分を求められない関数の定積分は ★　111
82 曲線で囲まれた図形の面積を求めるには　112
83 広義積分の計算をするには ★　113
84 累次積分の計算をするには ★　115

Chapter 6　ベクトルと行列　117

▶　**6-1**　ベクトル・・　117

85 ベクトルを定義するには　117
86 ベクトルの演算を行うには　118
87 二つのベクトルのなす角を求めるには　119

▶　**6-2**　行列 ★・・・　120

88 行列を定義するには ★　120
89 行列の計算をするには ★　121
90 行列とベクトルの積を計算するには ★　122
91 行列のべき乗の計算をするには ★　123
92 行列の転置行列を求めるには ★　124
93 行列の逆行列を求めるには ★　125
94 行列を階段行列に変形するには ★　126
95 行列の階数を求めるには ★　126
96 行列の行に関する基本変形を行うには ★　127
97 行に関する基本変形を行うコマンドを作るには ★　129
98 連立 1 次方程式の (拡大) 係数行列を求めるには ★　132
99 行列式の値を求めるには ★　133
100 余因子行列によりベクトルの外積を求めるには ★　133

付　録　135

▶　**1**　日本語マニュアルの目次・・・・・・・・・・・・・・・・・・・・・・・・・・・・・　135
▶　**2**　物理定数・・　138
▶　**3**　wxMaxima・・・・・・・・・・・・・・・・・・・・・・・・・・・・・・・・・・・・・・　139

あとがき　142

索　引　143

本書の用語

本書で使用される略語やアイコン・記号について，以下に簡単にまとめ
ておきます．

MoA   ・・・   Android 版の Maxima. "Maxima on Android" の
略.

Maxima   ・・・   PC 版，Android 版を含めた Maxima のこと．

⋮   ・・・   MoA の右上に配置されているメニューボタン．タッ
プしてメニューを選択することで，マニュアルの参照・
MoA の終了・セッションの保存などができる．

ENTER   ・・・   MoA の入力エリア右端に配置されている ENTER ボタ
ン．入力エリアをタップして数式を打ち込み，ENTER
をタップすると，その数式が実行される．

(%)   ・・・   直前に表示された計算結果．次の計算では，その結果
を "%" だけで参照できる．

(%iN)   ・・・   MoA で入力した式に添えられる式番号．数式を入力
するごとに N が $1, 2, \ldots$ と増えていく．

(%oN)   ・・・   (%iN) に対応する出力結果．(%iN) と違い，MoA で
は計算結果のみが出力されて，(%oN) は画面には表示
されない．

★   ・・・   高校数学までの範囲では学ばない項目．

[note]   ・・・   細かい注意事項．

Chapter 1

Maxima の概要とインストール

▶ この章では，無料の数式処理システムである "Maxima" について，数
式処理や Maxima の概要，インストールの仕方や基本的な操作，そして
マニュアルの利用法について説明します．とくに，**1-5** は，いろいろな操
作を解説するときの基本としますので，必ず目を通してください．

本書は Android 版の Maxima について解説しますが，そこで述べられ
るいろいろなコマンドは，ほかの OS 版の Maxima でも同一です．そこ
で，今後は，Maxima on Android に限った操作内容を説明するときは
"MoA" と略称し，ほかの OS 版の Maxima でも同一であるような内容を
説明するときは "Maxima" とよぶことにします．

1-1 ■ 「数式処理」とは？

「数式処理」という言葉には，なじみのない方が多いと思います．そこ
で，最初に「数式処理」について説明しておきます．

通常の電卓は，数の四則計算や百分率の計算ができます．ちょっと価格
が高くなると，分数の計算や平方根の計算もできます．さらに，関数電卓
を利用すると，いろいろな関数の値を求めることができます．

しかし，平方根や関数の値を求めることができるといっても，その値は

$$\sqrt{12} = 3.4641016, \quad \sin\frac{\pi}{3} = 0.8660254$$

という小数で表示されます．数学を考えるうえでは，小数で表示されるより

$$\sqrt{12} = 2\sqrt{3}, \quad \sin\frac{\pi}{3} = \frac{\sqrt{3}}{2}$$

という形で表されたほうがわかりやすいし，その後のいろいろな見通しも
立てやすいのではないでしょうか．

「数式処理」は，いろいろな計算を小数に直すことなく，式のままで計
算しようとするシステムです．このシステムを利用すると，たとえば，

1

$$(\sin ax)' = a \cos ax$$

$$\int \frac{x}{x^2 + a^2} \, dx = \frac{1}{2} \log(x^2 + a^2)$$

といった文字式のままの計算が可能になります．システムの内部では，いろいろな計算規則に基づいて，記号としての処理が行われています．なお，不定積分では積分定数は省略して表示されます．

このシステムを利用すると，文字式や微分積分の計算のみならず，方程式の解法も行うことができ，物理学や工学で用いられる数学の理論計算でも活用されています．

1-2 ■ Maxima の歴史

Maxima は，1968 年からマサチューセッツ工科大学で開発が始まった数式処理システム "Macsyma" がもとになっています．その 1982 年版のソースコードが，テキサス大学の William F. Schelter 教授によりプログラミング言語 LISP の一種である GNU Common Lisp に移植され，1998 年には GNU Public License のもとで公開されることになります．それが，Maxima の始まりです．

有料の数式処理ソフトとしては Mathematica や Maple が著名ですが，いずれも 1980 年代に開発されたものです．Maxima は，これらのソフトよりも歴史が古く，なおかつそれらのソフトと同等の機能をもつ数式処理システムです．現在でも世界中のボランティアにより開発・保守が継続されています．

Maxima は複数の OS 上で動きます．FreeBSD, Linux, Windows, そして MacOS 版があり，2012 年には Android 版もリリースされました．本書は，この Android 版の Maxima について解説するものです．

1-3 ■ MoA のインストール

"Maxima on Android" (MoA) は，Google Play でインストールできます．

インストールの手順は次のとおりです（以下は Android 5.1, Maxima

on Android 3.1 での操作を示しています).

① Google Play で "Maxima" を検索すると，"Maxima on Android" が表示され，インストールボタンが現れます．

② [インストール] をタップすると，そのファイルへのアクセスに同意するかどうかの確認を求められます．

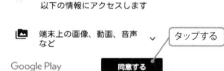

③ [同意する] をタップすると，ダウンロードが開始されます．ダウンロードが終了すると，そのファイルを開くかどうかが問われます．

④ インストールには約 90 MB の空き容量が必要ですが,そのうちの一部を外部メモリーに配置することができます.インストール時にはその配置先を問われるので,各自の機器の状況によりインストール先を選択してください.デフォルトでは外部メモリーが選択されています.

⑤ [INSTALL] をタップすると,インストールが行われます.終了すると,自動的に Maxima on Android (MoA) が立ち上がります.

図 1.1 は,MoA の初期画面です.MoA は不定期にバージョンアップされるので,その場合はバージョン番号などを適宜読み替えてください.

図 1.1 の (a) 部分では,Android 版のバージョンと Android 版開発者の氏名があり,MathJax や Gnuplot が利用されていることが述べられています.

(b) の部分では,MoA の終了・マニュアルの利用・グラフの再描画の場合にメニューボタン ▐ が利用できること,前に実行したコマンドやその結果をタップして再利用できること,あるいはマニュアルの例をタップして MoA で実行できることが述べられています.

(c) では,Android 版が依拠した Maxima のバージョンや GNU Public License のもとでの配布であることが述べられ,Maxima の創始者である William Schelter 氏への謝辞が述べられています.

いろいろなコマンドは,最下行の (d) 部分にある下線の箇所で打ち込みます.この行を**入力エリア**といいます.PC 版の Maxima では,主要なコ

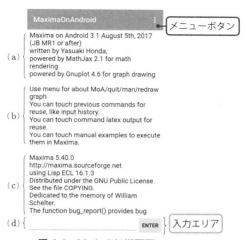

図 1.1 MoA の初期画面

マンドをメニューから選択して指定しますが，MoA ではコマンドのスペルを打つごとに表示されるコマンドの一覧から選択します．

画面の右上にある ■ はメニューボタンです．これをタップすると，マニュアルの表示・MoA の終了・入出力の保存などの操作を行うことができます．詳しくは，**1-5**(↳ p.11) で説明します．

これから，数学の各種の計算を行うためのコマンドについて解説していきます．そのコマンドを一つ一つ自分で打ち込みながら，Maxima の行う数式処理機能を実感すると同時に，その使い方を身につけて数学の学習に役立ててください．

1-4 ■ 数式入力のためのキーボード

MoA の初期画面（図 1.1）の最下行にある入力エリアをタップすると，図 1.2 の画面となります．これは，スマホのデフォルトの日本語キーボードである iWnn IME の画面ですが，このキーボードを利用していろいろな数式を入力するのは，とても不便です．

MoA を使用するには，半角英数字や数学記号を入力しやすいキーボード

図 1.2 MoA の入力画面

に変更したほうが使いやすいです．Google Play には多数のソフトウェアキーボードが登録されていますが，MoA では "Std Math Keyboard" の使用が推奨されています．本書でも，このアプリを利用することにします．次の手順により，Std Math Keyboard が使えるようになります．

① Google Play で "Std Math Keyboard" を検索してインストールします．

② インストールされたら，［設定］の［言語と入力］をタップします．

③ [言語と入力] が表示されたら，[現在のキーボード] をタップします．

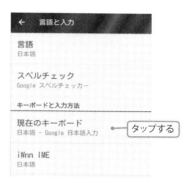

④ [キーボードの変更] の画面が表示され，選択できるキーボードの種類が表示されます．[Std Math Keyboard] が表示されるときは，それを選択します．表示されていないときは，[キーボードの選択] をタップします．下図は表示されていない場合です．

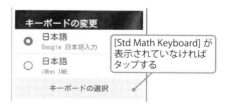

⑤ [キーボードの選択] をタップすると，[キーボードと入力方法] の画面になり，インストール済みのキーボードの一覧が表示されます．

[Std Math Keyboard]が④の画面に表示されないのは，キーボードの一覧で表示が[OFF]になっているためです．タップして[ON]にします．

ONにすると，「すべての入力内容の収集をアプリに許可することになるがかまわないか？」という趣旨の注意書きが表示され，ちょっと同意するのにためらいます．しかし，このキーボードを使用するのは，Maximaを利用して数式等を入力する場合であり，日本語の文書入力で使用することはできないので，[OK]をタップします．

ただし，「Std Math Keyboardを使用すると，すべての入力内容がアプリ側に収集される！」ということは記憶に留めておくべきです．個人情報や企業秘密にかかわるような数式・パスワード等を，このキーボードを使用して入力すべきではありません．

⑥ [OK]をタップしてStd Math Keyboardの利用を承諾したら，バックボタンを押します．③の画面になるので，[現在のキーボー

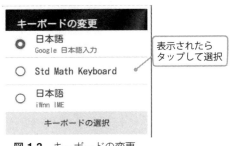

図 1.3 キーボードの変更

ド]をタップして④の[キーボードの変更]画面に戻ると,図 1.3 のように [Std Math Keyboard] が表示されているはずです.そのキーボードを選択することで,キーボードが変更されます.

以上の操作で,キーボードが Std Math Keyboard になります.変更後に MoA の初期画面の入力エリアをタップすると図 1.4 の画面になり,数と x, y, z を用いる四則計算に加えて,平方根やべき乗の計算も,この画面から入力することができます.

図 1.4 Std Math Keyboard

図 1.4 の最下行の左側にある ABC のキーをタップすると図 1.5 のキーボードに切り替わり,アルファベット全文字を利用することができます.図 1.4 に戻るには,図 1.5 の最下行の左側にある 123 のキーをタップします.

しかしながら,この二つのキーボードだけでは,いろいろな数式を入力する際の記号がまだ不足しています.たとえば,図 1.4 や図 1.5 には階乗 (!) や不等号(<, >)の記号は含まれていません.

各種の記号は,図 1.4 の最下行の左端(ABC キーの左側)のキーをタップすると表示されます.そのキーをタップすると,キーの左上のランプが点

図 1.5 アルファベットと括弧　　**図 1.6** 数と数学記号

（図1.6内：ランプ（点灯））

灯して図 1.6 のキーボードに切り替わります．階乗や不等号の記号は，このキーボードから打ち込むことができます．ランプの点灯しているキーをもう一度タップすると，図 1.4 に戻ります．

なお，MoA を終了してもキーボードの設定はそのまま残ります．たとえば，MoA を使った後でメールを書こうとすると図 1.7 の画面になるでしょう．このときは，図 1.7 の右下に表示されているキーボード選択ボタンをタップするか，または最下行にある ABC キーの右側のキーをタップすると，図 1.3 の［キーボードの変更］の画面が表示されます．その画面で日本語入力を選択すると，通常の日本語入力の画面に戻ります．

（図中：日本語入力にするにはこのキーをタップする）

図 1.7 日本語入力に戻すには

逆に，日本語入力のキーボードの状態で MoA を起動して式を入力しようとすると，iWnn IME の場合は図 1.2 のような日本語のキーボードになります．「あ」の左側のキーをタップすると［iWnn IME メニュー］が現れるので，［入力方法］を選択すると図 1.3 の［キーボードの変更］の画面が

現れます.その画面で Std Math Keyboard を選択すれば数式入力のキーボードになります.このようなボタンが表示されないときは,[言語と入力]から図 1.3 を表示させて変更してください.

1-5 ■ MoA の基本操作

ここでは,MoA を起動してから終了するまでの基本操作の概要を説明します.この節の内容は次章以降の基礎知識として利用するので,表示例を実際に試しながら一通り読み進めていってください.

なお,Maxima on Android と Std Math Keyboard は,すでにインストール済みであるものとします.

1 ▶ MoA を起動して式の入力・出力をするには

- **起動する**には,Maxima on Android の**アイコンをタップ**する.
- **式の入力**は入力エリアで行い,**式の最後には**; を入力する.
- **結果を出力させる**には,ENTER **をタップ**する.

MoA をインストールすると,以下のように Maxima on Android のアイコンがスマホの画面に表示されます.

そのアイコンをタップすると,図 1.1(↳ p.5) の初期画面が表示されます.式の入力は最下行の下線が引かれている行(入力エリア)に打ち込みます.キーボードが日本語入力のまま入力エリアをタップすると,図 1.2 (↳ p.6) の日本語キーボードが現れます.**1-4** で説明したようにして図 1.3 の[キー

ボードの変更] 画面 (↳ p.8) を出し, キーボードを Std Math Keyboard に変更してください.

次に, 入力エリアに実際に式を打ち込んでみましょう. たとえば,

1+2;   ENTER

と打ち込んで右端にある ENTER をタップすると, 図 1.8 のように計算結果である "3" が表示されます. ; は入力の終わりを示す記号です. Maxima では式の終わりには ; を入力してから ENTER をタップします. MoA では ; を入力しなくても, ENTER をタップするだけで入力の終わりと判断し, ; を自動的につけて計算が行われます.

図 1.8 計算結果の表示

(%i1) は, 1 番目に入力 (input) した式という意味です. いろいろな式を打ち込んでいくと, (%i2), (%i3) のように数字が増えていきます. この番号は Maxima が自動的に割り振るので, 自分で打ち込む必要はありません. 以下では, 本文中で入力式を参照する際も, (%i1), (%i2), ... と記述します.

2 入力した式の修正・削除をするには

入力した式を修正するには，その箇所をタップしてカーソルを出し，
- それを移動して必要な箇所を修正する．
- DEL をタップすると，カーソルの左側から 1 文字ずつ削除される．

入力した式を削除するには，入力エリアをタップして青地にして，
- 新たな式を入力すると，前の式が削除される．
- または，式全体が青地の状態で DEL をタップする．

入力エリアに式を入力中に式の一部を修正するには，その該当箇所をタップします．丸いカーソルが現れるので，それを変更したい箇所に移動して削除や修正を行います．

DEL をタップすると，タップするごとにカーソルの先端の左側から 1 文字ずつ削除されます．

ENTER をタップして結果を出力すると，入力した式は入力エリアにそのまま残ります．結果の出力後に入力エリアをタップすると，直前に入力した式全体が青地になります．

この状態で別の式を入力すると，青地部分が削除されて，新たに入力した式が残ります．あるいは，ENTER の下にある DEL キーをタップしても青地部分が削除されます．

注： 一つの計算を終えて別の計算式を入力するときは，上記のように 必ず入力エリアをタップして青地にしてから入力してください．タップしないまま式を入力しても，打ち込んだ式は入力エリアには入力されません．

3 ▶ MoA を終了するには

MoA を終了するには，メニューボタン ■ をタップして [Quit] を選択する．

MoA を終了するには，画面右上にあるメニューボタン ■ をタップすると現れる画面で [Quit] を選択します．

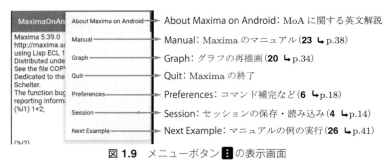

図 1.9 メニューボタン ■ の表示画面

4 ▶ セッションの保存と復元をするには

セッションの保存は，	■ → [Session] → [Save] ，
セッションの復元は，	■ → [Session] → [Restore] ，
復元内容の再表示は，	■ → [Session] → [Playback] とする．

Maxima を利用していろいろな計算をしていくと，入力とそれに対する結果が画面にどんどん蓄積されていきます．これらを「セッション」といいます．その内容を保存するには，メニューボタン ￭ をタップすると現れる画面（図 1.9）で [Session] を選択して，[Save] をタップします．

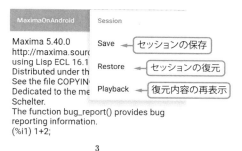

図 1.10 セッションの保存・復元

たとえば，"$1+2$" を試しただけで保存すると，次のようになります．

```
(%i1) 1+2;
                3
(%i2) ssave();  ←[Save] を選択すると自動的に入力される
              true
```

入力エリアに直接 ssave(); と打ち込んでも同じ結果が得られます．

その内容を復元するには，￭ をタップして [Session] → [Restore] を選択します．あるいは，入力エリアで srestore(); と入力します．

```
(%i3) srestore();  ←[Restore] を選択すると入力される
              true
```

4 セッションの保存と復元をするには 15

復元はされましたが，その内容までは表示されません．復元した内容を再表示するには，その後に▐をタップして［Session］→［Playback］を選択します．あるいは，入力エリアで playback(); と入力します．

　保存した内容が，入力番号からすべて再現されます．最後の **done**（do の過去分詞）は，playback による再表示が終了したことを示しています．

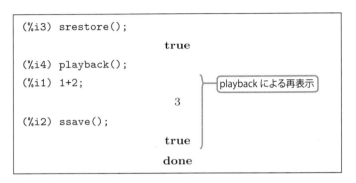

5　四則計算とべき乗の計算をするには

　2 数 a, b の計算で，
- 和は a+b; ，差は a-b; ，積は a*b; ，商は a/b; とする．
- 数 a の b 乗は， a^b; とする．

　Maxima を普通の電卓として使うことができます．**1**(↪ p.11) でも述べたように，MoA では数式の最後に ; を入力しなくても ENTER をタップするだけで処理が実行されますが，この章では ; をつけた式で解説します．

(1) 2 数 a, b の足し算は a+b; とする．

　12+34;　　　　　　　　　　　　　　　　　　　　　　　　　　ENTER

```
(%i3) 12+34;   ← ; を入力してなくても ; が表示される
                        46
```

(2) 2 数 a, b の引き算は a-b; とする.

| 34-56; | ENTER |

```
(%i4) 34-56;
                       −22
```

(3) 2 数 a, b の掛け算は a*b; とする.

| 7*8; | ENTER |

```
(%i5) 7*8;
                        56
```

(4) 2 数 a, b の割り算 $a \div b$ は a/b; とする.

| 8/9; | ENTER |

```
(%i6) 8/9;
                        8
                        ─
                        9
```

(5) 数 a の b 乗は a^b; とする.

| 2^4; | ENTER |

```
(%i7) 2^4;
                        16
```

もう少し複雑な計算をしてみましょう.

(6) $\dfrac{1+2}{3+4} \times \dfrac{5+6}{7+8} = \dfrac{3}{7} \times \dfrac{11}{15} = \dfrac{11}{35}$

5 四則計算とべき乗の計算をするには   17

```
(1+2)/(3+4)*(5+6)/(7+8);
```
<kbd>ENTER</kbd>

```
(%i8)  (1+2)/(3+4)*(5+6)/(7+8);
```
$$\frac{11}{35}$$

　分子や分母が式になっているときは（ ）で囲います．計算の途中経過は表示されません．最終結果だけが出力されます．また，分数の計算結果は，小数ではなく既約分数で表示されます．

　次のような繁分数を入力するときは，括弧に注意して入力します．

$$(7)\quad \cfrac{1}{1+\cfrac{1}{2+\cfrac{1}{3}}}=\cfrac{1}{1+\cfrac{1}{\frac{7}{3}}}=\cfrac{1}{1+\frac{3}{7}}=\cfrac{1}{\frac{10}{7}}=\frac{7}{10}$$

```
1/(1+1/(2+1/3));
```
<kbd>ENTER</kbd>

```
(%i9)  1/(1+1/(2+1/3));
```
$$\frac{7}{10}$$

---

6 ▶ Maxima のコマンドを入力するには

Maxima の**コマンドを入力エリアに打ち込む**と，

・スペルを打ち込むごとに**コマンドの一覧が表示**される．

・**該当するコマンドをタップして選択**する．

　Maxima の機能を活用するには，それぞれの数学機能を実現するコマンドを入力する必要があります．PC 版の Maxima では，個々の数学分野ごとにメニュー形式でコマンドを選択することができますが，MoA にその機能はありません．かわりに，コマンドを補完するオートコンプリート機能があり，数文字のスペルを打つだけで表示されるコマンドの一覧から，該当するコマンドを選択することができます．

たとえば，関数の積分を行うコマンドは integrate です（p.37 参照）．
このコマンドを入力エリアに打ち込むと，図 1.11 のように，in を打った段
階で，"in" から始まるコマンドの一覧が表示されます．int まで打つと，
図 1.12 のようにコマンドがさらに絞り込まれて integrate が下部に表示
されるので，それをタップすることで integrate が入力エリアに入力され
ます．つまり，この補完機能を利用すると，コマンドのスペルをすべて打
ち込む必要はなくなります．

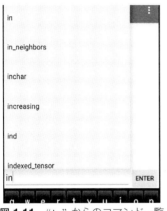

図 1.11 "in" からのコマンド一覧 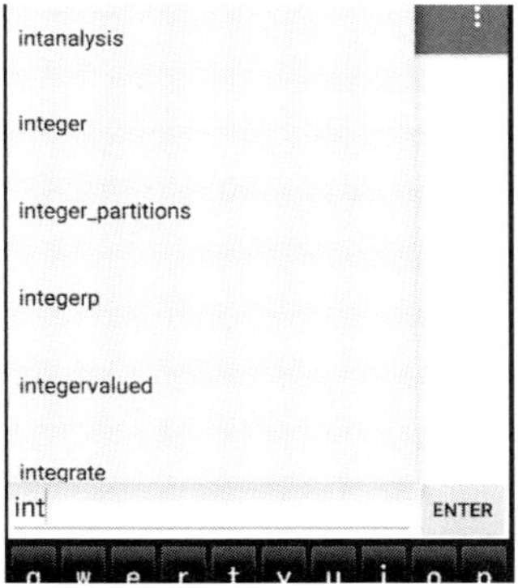　　**図 1.12** "int" からのコマンド一覧

下記では，この機能を利用して x^2 の不定積分を計算しています．

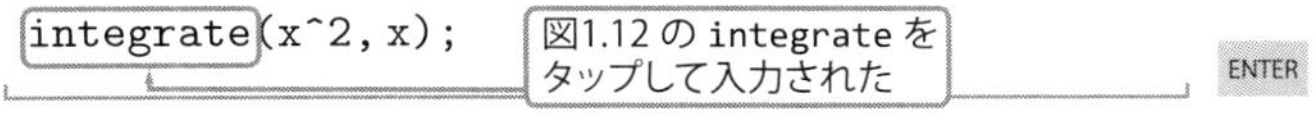

```
integrate(x^2, x);     図1.12の integrate を
                       タップして入力された         ENTER
```

```
(%i10) integrate(x^2, x);
                          x^3
                          ───
                           3
```

なお，メニューボタン ⋮ から [Preferences] を選択して，[Use auto
completion] のチェックをはずすと，この機能をオフにすることができま
す．その場合は，コマンドのスペルをすべて自分で入力します．

6 ▶ Maxima のコマンドを入力するには　19

7 ▶ 計算結果を小数で表示するには

計算結果を小数で表示するには，次のいずれかのようにする．
(1) `float(数式);`   (2) `数式, numer;`
(3) 少なくとも一つの数が小数点を含むような式で入力する．

計算結果を小数で表示させるには，三つの方法があります．以下では，$\dfrac{11}{35}$ を例にとって説明します．

(1) `float()` を利用する．

```
float(11/35);
```
ENTER

```
(%i11) float(11/35);
              0.3142857142857143
```

`float` は，数を小数で表す Maxima のコマンドです．整数部分と小数部分を合わせて 16 桁の数（浮動小数点数）で表示します．

(2) `numer` を利用する．

```
11/35, numer;
```
ENTER

```
(%i12) 11/35, numer;
              0.3142857142857143
```

式の後に「,」（半角コンマ）で区切って `numer` を追記します．

(3) いずれかの数に小数点をつける．

```
11.0/35;
```
ENTER

```
(%i13) 11.0/35;
              0.3142857142857143
```

式の中に一つでも小数が含まれると，結果も小数で表示されます．

8 ▶ 入力式や出力式を後で参照するには

- (%iN) の**入力式**は %iN に，**出力式**は %oN に保存される.
  とくに，**直前の出力式**は % に保存される.
- ほかの箇所で，入力式は%iN，出力式は%oN により参照できる.
- (%iN) の箇所や出力式の箇所を**タップする**と，その**内容が入力エリアにコピーされて再利用することができる**.

Maxima の画面では，式を入力するごとに (%iN) の N の値が自動的に増えていきます. その番号の箇所に打ち込んだ式は%iN に，出力された式は%oN に保存され，それらの式を以後の計算で参照することができます. ただし，(%oN) は画面には表示されません. たとえば，

```
(%i14) 1+2;

                    3  ← %o14 として保存される

(%i15) 3+4;

                    7  ← %o15 として保存される
```

とするとき，$\dfrac{1+2}{3+4}$ は次のようにしても計算できます.

%o14/%o15

ENTER

```
(%i16) %o14/%o15;  ← %i14/%i15; でもよい

                    3
                    ─
                    7
(%i17) %, numer;

             0.4285714285714285

(%i18) float(%o16)  ← (%o11) をタップして () 内を修正

             0.4285714285714285
```

8 ▶ 入力式や出力式を後で参照するには   21

%o14 は 3, %o15 は 7 なので, %o14/%o15 は $\dfrac{3}{7}$ となります. (%i17) で
は, 直前の結果である $\dfrac{3}{7}$ を numer を利用して小数で表示させています. %を
利用すると, あらためて式を打ち込むことなく, 直前の出力結果に対して
次々にいろいろな計算をしていくことができます. 以下の解説では, 入力
式と同様に, 出力式も (%o1), (%o2), ... として参照しています.

MoA ではいったん打ち込んだ入力式は後で再利用することができます.
たとえば, (%i11) をタップすると (%i11) の式が入力エリアに入ります.
(%i18) では, そのようにして入力した float(11/35); の括弧内を%o16
に修正しています.

同様にして, 出力式もタップして再利用することができます.

9 ▶ 文字式を入力するには

> 文字式を入力するとき, **数と文字の積**, または**文字と文字の積**では,
> 必ず**積の記号** ✳ を入れる.

文字変数を含む式, たとえば $2x + y$ を入力するとき, $2x$ は 2 と x の積
なので, 入力エリアでは 2*x+y; と打ち込みます. 数と文字, または文字
と文字の積では, 必ず積の記号 * を入れてください.

2*x+y;   ENTER

(%i19) 2*x+y;

$$2x + y$$

式 $2xy$ は, $2 * xy$ なのか, $2 * x * y$ なのかを区別する必要があります.

2*xy;   ENTER

(%i20) 2*xy;

$$2xy$$

22　**1-5** MoA の基本操作

(%i20) では xy が一つの文字変数です. x, y がそれぞれ文字変数のときは, 次のように個々の文字の間の隙間が少し空いて出力されます.

```
2*x*y;
```
ENTER

(%i21) 2*x*y;

xy の間に隙間が出力される

$$2\,x\,y$$

10 ▶ 文字変数に値を割り当てたり解除したりするには

- **文字変数 x に値 p を割り当てる**には, $\boxed{\texttt{x:p;}}$ とする.
- **式に含まれる文字変数 x, y に, 一時的に x には p を, y には q を割り当てる**には, $\boxed{\texttt{式, x:p, y:q;}}$ とする.
- **割り当てた値を解除する**には, $\boxed{\texttt{kill(x, y);}}$ とする.

文字変数 x に数 3 を割り当てるには, x:3; とします.

```
x:3;
```
ENTER

(%i22) x:3;

$$3$$

値を割り当てた後の計算でその文字を使うと, x はすべて 3 として扱われます. たとえば, $2x + y$ では $y + 6$ が出力されます.

```
2*x+y;
```
ENTER

(%i23) 2*x+y;

$$y + 6$$

特定の計算で一時的に値を割り当てるには，たとえば $2x+y$ において $x=4, y=2$ のときの値を求めるには，「,」で区切って次のようにします．

```
2*x+y, x:4, y:2;
```
ENTER

```
(%i24) 2*x+y, x:4, y:2;
                10
```

(%i22)で割り当てた値を解除するには，kill(x); とします．**done** が表示され，解除がなされたことを示しています．

```
kill(x);
```
ENTER

```
(%i25) kill(x);
                done
```

11 ▶ 結果の出力を抑制するには

結果の出力を抑制するには，入力式の最後に $ をつける．

文字変数に値を割り当てるとき，どのような値が出力されるかは明らかです．たとえば，x に 5 を割り当てると，5 が出力されます．

```
x:5;
```
ENTER

```
(%i26) x:5;
                5
```

このように，出力される結果が明らかであるとき，あるいは結果を表示する必要がないときは，入力の最後に;の代わりに$をつけると，結果が出力されません．

以下では，x に 6 を割り当てて結果が出力されないようにして，$2x+1$

の値を出力させています．(%i29) では，割り当てた値を解除しています．

```
(%i27) x:6$
(%i28) 2*x+1;
                          13
(%i29) kill(x);
                        done
```

12 ▶ 複数の値や式をまとめて一つのデータとするには

・複数の値や式をまとめたデータ $\boxed{[\mathrm{u},\mathrm{v},\mathrm{w},\ \ldots]}$ をリストという．

・x がリストのとき，k 番目の成分は $\boxed{\mathrm{x[k]}}$ により参照できる．

・%oN がリストのとき，k 番目の成分は $\boxed{\mathrm{\%oN[k]}}$ により参照できる．

複数の値や式を「,」で区切りながら [ ] で囲ったデータを**リスト**といいます．リストを利用すると，一つの文字変数に複数の値を割り当てることができます．たとえば，x に三つの値 $2, 4, 6$ を割り当てるには，x:[2, 4, 6];とします．

```
x:[2, 4, 6];
```
ENTER

```
(%i30) x:[2, 4, 6];
                     [2, 4, 6]
```

このような値の割り当てでは出力される内容は明らかなので，入力の最後を$にすると結果の出力が抑制されます (**11** ↳ p.24)．

```
x:[2, 4, 6]$
```
ENTER

12 複数の値や式をまとめて一つのデータとするには   25

```
(%i31) x:[2,4,6]$
```

x にリストが割り当てられているとき，その k 番目の成分は x[k] により参照することができます．たとえば，x の3番目の値である6は，x[3] により参照することができます．

```
x[3];                                                    ENTER
```

```
(%i32) x[3];
                        6
```

文字変数にリストが割り当てられていると，その文字変数を用いた式もリストで返されます．たとえば，x に [2, 4, 6] が割り当てられていると，$2x + y$ は x の値が $2, 4, 6$ のそれぞれの場合の式を成分とするリストで表されて，次のように出力されます．

```
2*x+y;                                                   ENTER
```

```
(%i33) 2*x+y;
                   [y + 4, y + 8, y + 12]
```

(%i33) の出力結果は，%o33 に保存されています（**8** ↳ p.21）．たとえば，(%i33) の直後に3番目の式 $y + 12$ を取り出すには，直前の出力結果は%だけで参照することができるので，%[3] とします．出力結果が直前のものではないときは，出力式の番号を指定して%o33[3] とします．

```
%[3];                                                    ENTER
```

```
(%i34) %[3];  ← %は直前の %o33 を表す
                        y + 12
```

26　**1-5** MoA の基本操作

```
(%i35) %o33[3];
```
$$y + 12$$

値を割り当てる必要がなくなったときは，割り当てを解除しておきます．

```
(%i36) kill(x);
```
$$\text{done}$$

13 ▶ 円周率などの定数を使うには

・**円周率**は `%pi`，**ネイピア数**は `%e`，そして**虚数単位**は `%i` で表す．
・ほかにも多数の物理定数を利用することができる．

数学では，円周率は π，ネイピア数は e，そして虚数単位は i で表します．Maxima でこれらの値を使うときは最初に % をつけて，円周率は `%pi`，ネイピア数は `%e`，そして虚数単位は `%i` で表します．

たとえば，$\pi - 3$ を表示するには次のようにします．

```
%pi-3;
```
ENTER

```
(%i37) %pi-3;
```
$$\pi - 3$$

$e - 2$ を小数で表すには，`float` か `numer` を利用して次のようにします
(**7** ↳ p.20)．

```
%e-2, numer;
```
ENTER

```
(%i38) %e-2, numer;  ◀ float(%e-2); でもよい
```
$$0.7182818284590451$$

13 円周率などの定数を使うには　27

文字変数 z に複素数 $2 + 3i$ を割り当てるには，次のようにします．

```
z:2+3*%i;
```
ENTER

```
(%i39) z:2+3*%i;
```
$$3i + 2$$

ほかにも真空中の光速度やアボガドロ数など，多数の物理定数を扱うことができます．詳しくは**付録 2**(↳ p.138) を参照してください．

14 ▶ 文字式の展開をするには

文字式を単項式の和に展開するには， `expand(式);` とする．

たとえば，$(x + y)^4$ を展開するには，expand を用います．

```
expand((x+y)^4);
```
ENTER

```
(%i40) expand((x+y)^4);
```
$$y^4 + 4xy^3 + 6x^2y^2 + 4x^3y + x^4$$

アルファベットの最後の文字のほうから降べきの順に表示されます．表示する文字の順序を変更することもできますが，本書では省略します．マニュアルで ordergreat を参照してください (**25** ↳ p.40)．

15 ▶ 文字式の因数分解をするには

文字式を因数分解するには， `factor(式);` とする．

たとえば，$x^6 - 1$ を因数分解するには，factor を用います．

```
factor(x^6-1);
```
ENTER

28 1-5 MoA の基本操作

```
(%i41) factor(x^6-1);
```
$$(x - 1)(x + 1)(x^2 - x + 1)(x^2 + x + 1)$$

　因数分解は，係数が整数であるような範囲で行われます．実数や複素数を用いた因数分解は，**44**，**45**(↳ p.62, 63) を参照してください．

16 ▶ 2 次方程式を解くには

2 次方程式の解を求めるには，`solve(2 次方程式, 変数);` とする．

　2 次方程式 $ax^2 + bx + c = 0$ の解を求めるには，`solve` を用いて，解こうとする 2 次方程式と変数を指定します．以下はそれぞれ $x^2 - x - 2 = 0$，$x^2 - 2x + 4 = 0$ の解を求めています．

```
solve(x^2-x-2=0, x);
```
ENTER

```
(%i42) solve(x^2-x-2=0, x);
```
$$[x = 2, \; x = -1]$$

```
solve(x^2-2*x+4=0, x);
```
ENTER

```
(%i43) solve(x^2-2*x+4=0, x);
```
$$[x = 1 - \sqrt{3}\,i, \; x = \sqrt{3}\,i + 1]$$

　方程式の解は，解を [ ] で囲ったリストで表示されます (**12** ↳ p.25)．(%o43) のように，解が複素数の場合でも解くことができます．さらには，次のように文字係数が含まれていてもかまいません．

```
solve(a*x^2+b*x+c=0, x)
```
ENTER

```
(%i44) solve(a*x^2+b*x+c=0, x);
```

$$\left[x = -\frac{\sqrt{b^2 - 4\,a\,c} + b}{2\,a}, \; x = \frac{\sqrt{b^2 - 4\,a\,c} - b}{2\,a} \right]$$

solve を利用すると，3 次方程式や 4 次方程式の解も，解の公式を用い
て求めることができます（**49** ↳ p.69）．

17 連立方程式を解くには

連立方程式を解くには，方程式と変数をリストで指定して
solve([方程式 1, 方程式 2, ···], [変数 1, 変数 2, ···]); とする．

連立方程式の解を求めるには solve を利用し，方程式と変数をリストで
指定します（**12** ↳ p.25）．たとえば，連立方程式

$$\begin{cases} x + y = 2 \\ x^2 + y^2 = 10 \end{cases}$$

を解くには次のようにします．

```
solve([x+y=2, x^2+y^2=10], [x, y]);
```
ENTER

```
(%i45) solve([x+y=2, x^2+y^2=10], [x, y]);
```
$$[[x = -1, y = 3], [x = 3, y = -1]]$$

連立方程式の解は，個々の変数の値がリストで表されます．複数の解がある
ときは，リストで表される解を成分とするリストで表されます．したがっ
て，解が 1 組しかないときは括弧が 2 重になります．たとえば，連立 1 次
方程式

$$\begin{cases} x + 2y + 3 = 0 \\ 4x + 5y + 6 = 0 \end{cases}$$

の解は $x = 1$, $y = -2$ ですが，この解は次のように表されます．

```
solve([x+2*y+3=0, 4*x+5*y+6=0], [x,y]);
```
ENTER

```
(%i46) solve([x+2*y+3=0, 4*x+5*y+6=0], [x,y]);
```
$$[[x = 1, y = -2]]$$

　解が存在しないときは，[] だけが出力されます．解が任意定数を含むときは，**52**(↳ p.74) を参照してください．

18　使用できる関数は

　Maxima では，多くの関数を扱うことができます．以下に，主要な関数の入力例と出力結果を示します．ほかにも，工学などに現れる多数の関数を使用することができます．詳しくは，メニューボタン ⋮ から［Manual］を選択して，［10. Mathematical Functions］を見てください．

関数	入力例	出力結果	備考
絶対値関数	`abs(x)`	$\lvert x \rvert$	
無理関数	`sqrt(x)`	$\sqrt{x}$	
指数関数	`exp(x)`	e^x	e はネイピア数
対数関数	`log(x)`	$\log x$	自然対数
三角関数	`sin(x)`	$\sin x$	x の単位は弧度法
双曲線関数★	`cosh(x)`	$\cosh x$	sinh, tanh も同様
逆三角関数★	`atan(x)`	$\operatorname{atan} x$	asin, acos も同様

以下に，いくつかの具体的な使用例を示します．

(1) 12 の平方根を求めるには，`sqrt` を用います．

```
sqrt(12);
```
ENTER

```
(%i47) sqrt(12);
```
$$2\sqrt{3}$$

　平方根の計算は，$\sqrt{}$ がついた式のままで行われます．値を小数で求めるには，たとえば次のようにします (**7** ↳ p.20).

18　使用できる関数は　31

```
(%i48) sqrt(12), numer;
                    3.464101615137754
```

(2) $\sqrt[3]{e}$ の値を小数で求めるには，exp を用います．$\sqrt[3]{e} = e^{\frac{1}{3}} = \exp(1/3)$ と表されることから，次のようになります．

```
exp(1/3), numer;                                          ENTER
```

```
(%i49) exp(1/3), numer;    ← %e^(1/3), numer; でもよい
                    1.39561242508609
```

(3) $\log_{10} 2$ の値を小数で求めるには，底の変換公式

$$\log_a b = \frac{\log_c b}{\log_c a} \quad \text{したがって} \quad \log_{10} x = \frac{\log x}{\log 10}$$

を利用して次のようにします．(**59** ↳ p.84)．

```
log(2)/log(10), numer;                                   ENTER
```

```
(%i50) log(2)/log(10), numer;
                    0.30102999566639811
```

(4) $\sin\left(\dfrac{\pi}{3}\right)$ の値を求めるには，次のようにします．$\dfrac{\pi}{6}$ や $\dfrac{\pi}{4}$ の整数倍の三角関数の値は，正確な値で計算されます．

```
sin(%pi/3);                                              ENTER
```

```
(%i51) sin(%pi/3);
                          √3
                          ──
                           2
```

32   **1-5** MoA の基本操作

(5) $\cos(20°)$ の値を小数で表示するには，度数法を弧度法に直すために $\dfrac{\pi}{180}$ を掛けて計算します．(**60** ↳ p.84).

```
cos(20*%pi/180), numer;
```
ENTER

```
(%i52) cos(20*%pi/180), numer;
                0.9396926207859084
```

19 ▶ 関数を定義するには

関数 $f(x)$ を定義するには，

・ $\boxed{\texttt{f(x):=式;}}$ とする．

・**定義した式を削除する**には，$\boxed{\texttt{kill(f);}}$ とする．

　関数 $f(x)$ を自分で定義することができます．たとえば，$x^2 + 2x$ を $f(x)$ として定義するには，:と=を用いて次のようにします．

```
f(x):=x^2+2*x;
```
ENTER

```
(%i53) f(x):=x^2+2*x;
                f(x) := x² + 2x
```

　ちゃんと定義されたか，$f(a+1)$ を表示して確認してみましょう．

```
f(a+1);
```
ENTER

```
(%i54) f(a+1);
                (a + 1)² + 2(a + 1)
```

　$a+1$ が代入されています．式を展開するには expand を追記します．

```
f(a+1), expand;
```
ENTER

19 ▶ 関数を定義するには　　33

```
(%i55) f(a+1),expand;
```
$$a^2 + 4a + 3$$

定義した関数を削除するには，kill を利用します．

```
kill(f);
```
ENTER

```
(%i56) kill(f);
```
$$\text{done}$$

20 ▶ 関数のグラフを描くには

- **関数 $f(x)$ の $a \leqq x \leqq b$ におけるグラフを表示させる**には，
  `plot2d(f(x),[x,a,b]);` とする．y **の範囲** $(c \leqq y \leqq d)$ **も指定する**には，`plot2d(f(x),[x,a,b],[y,c,d]);` とする．
- **画面へのマルチタッチ**で，**グラフの拡大・縮小ができる**．

関数 $f(x)$ の $a \leqq x \leqq b$ におけるグラフを表示させるには，plot2d を利用します．たとえば，関数 $f(x) = x^3 - 3x$ のグラフを $-2 \leqq x \leqq 2$ の範囲で描画させると，図 1.13 のようになります．

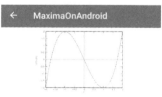

図 1.13 グラフ画面

このグラフを表示させるには，つぎのように入力します．

```
plot2d(x^3-3*x,[x,-2,2]);
```
ENTER

```
(%i57) plot2d(x^3-3*x,[x,-2,2]);
```

入力エリアに式を打ち込んで ENTER をタップすると，画面が切り替わって図 1.13 の画面が表示されます．表示されたグラフは，拡大または縮小することができます．表示された図 1.13 の画面をマルチタッチすると，画面右下に図 1.14 のようなレンズのアイコンが現れます．⊕ をタップするとグラフが拡大し，⊖ をタップすると縮小します．あるいは，二本指によるピッチアウト・ピッチインでもかまいません．図 1.15 は，その操作により図 1.13 のグラフを拡大表示したものです．

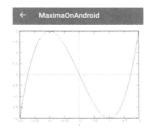

図 1.14 レンズのアイコン　　**図 1.15** 拡大表示されたグラフ

y の範囲は自動的に決められてグラフが表示されますが，自分で y の範囲も指定したいとき，たとえば $-3 \leq y \leq 3$ の範囲で描画させたいときは，次のようにします（グラフは省略します）．

```
plot2d(x^3-3*x,[x,-2,2],[y,-3,3]);
```
ENTER

これらの例では x, y の範囲が原点に関して対称になっていますが，対称な範囲である必要はなく，グラフを見たい範囲を自由に指定してかまいません．指定した範囲にグラフがないときは，何も表示されません．

グラフ画面から Maxima の画面に戻るには，画面左上，またはスマホの左下にあるバックボタンを押します．Maxima の画面に戻ってから，表示させたグラフをもう一度見たいときは，メニューボタン ⋮ を押すと現れる画面で [Graph] を選択します（図 1.9 ↳ p.14）．

21 **関数の導関数や微分係数の値を求めるには**

> ・関数 $f(x)$ の導関数 $f'(x)$ を求めるには，$\boxed{\texttt{diff(f(x),x);}}$ とする．
>
> ・微分係数 $f'(a)$ の値は，$\boxed{\texttt{diff(f(x),x),x:a;}}$ とする．
>
> ・第 n 次導関数 $f^{(n)}(x)$ は，$\boxed{\texttt{diff(f(x),x,n);}}$ とする．

たとえば，$f(x) = x^2 + 2x + 1$ の導関数を求めるには，次のようにします．

```
diff(x^2+2*x+1,x);
```
ENTER

```
(%i58) diff(x^2+2*x+1,x);
```
$$2x + 2$$

$f(x) = x^2 + 2x + 1$ の微分係数 $f'(1)$ の値を求めるには，導関数 $f'(x)$ を求めてから x に 1 を割り当てます（**10** ↳ p.23）．$f'(x) = 2x + 2$ であるので，$f'(1) = 4$ となります．

```
diff(x^2+2*x+1,x),x:1;
```
ENTER

```
(%i59) diff(x^2+2*x+1,x),x:1;
```
$$4$$

第 n 次導関数を求めるには，微分する回数を指定して $\texttt{diff(f(x),x,n);}$ とします．このとき，$\texttt{n}$ は具体的な値である必要があります．以下では，第 2 次導関数を求めています．

```
diff(x^2+2*x+1,x,2);
```
ENTER

```
(%i60) diff(x^2+2*x+1,x,2);
```
$$2$$

22 ▶ 関数の不定積分や定積分の値を求めるには

・**不定積分** $\int f(x)\,dx$ **を求める**には，$\boxed{\texttt{integrate(f(x),x);}}$ とする．

・**定積分** $\int_a^b f(x)\,dx$ は，$\boxed{\texttt{integrate(f(x),x,a,b);}}$ とする．

　たとえば，$f(x) = x^2 + 2x + 1$ の不定積分を求めるには次のようにします．

```
integrate(x^2+2*x+1, x);
```
ENTER

```
(%i61) integrate(x^2+2*x+1, x);
```
$$\frac{x^3}{3} + x^2 + x$$

　不定積分の積分定数は表示されないので注意してください．

　定積分 $\int_a^b f(x)\,dx$ の値を求めるには，さらに積分範囲の下端 a と上端 b を指定して $\texttt{integrate(f(x),x,a,b);}$ とします．

　以下では，定積分 $\int_0^1 (x^2 + 2x + 1)\,dx$ の値を求めています．

```
(%i62) integrate(x^2+2*x+1, x, 0, 1);
```
$$\frac{7}{3}$$

　この定積分の値を実際に計算すると，次のようになります．

$$\int_0^1 (x^2 + 2x + 1)\,dx = \left[\frac{x^3}{3} + x^2 + x\right]_0^1 = \frac{1}{3} + 1 + 1 = \frac{7}{3}$$

22 ▶ 関数の不定積分や定積分の値を求めるには　37

1-6 ■ Maxima のマニュアル

Maxima の英文マニュアルは各国語に翻訳され,MoA に内包されています.この節では,マニュアルの利用の仕方について説明します.

23 ▶ Maxima の日本語マニュアルを表示するには

> **Maxima の日本語マニュアルを表示する**には,
> - ■ → [Preferences] → [Language for Maxima Manual] により [Japanese] を選択する.
> - ■ → [Manual] により,**マニュアルが表示**される.

Maxima のマニュアルを利用するには,まず記述言語を指定します.メニューボタン ■ をタップして表示される画面(図1.9 ↳ p.14)から [Preferences] → [Language for Maxima Manual] を選択します(図1.16).そうすると図1.17 の登録言語が表示されるので,[Japanese] を選択します.

言語指定をすると図1.9 の画面に戻るので,バックボタンにより Maxima の画面に戻ります.そして,あらためてメニューボタン ■ をタップして図1.9 から [Manual] を選択すると,図1.18 のようなマニュアルの冒頭部分が表示されます.ここでは横置きの画面で表示しました.言語指定をしないで [Manual] を選択すると,英文で表示されます.

マニュアルの詳しい目次は,**付録1**(↳ p.135) を参照してください.また,

図 1.16 Preferences

図 1.17 使用言語の設定

図 1.18 Maxima の日本語マニュアル

注意点として，第 1 節の "1. Introduction to Maxima" では，describe や？などを利用するとコマンドに関する情報を表示させることができると述べられていますが，この機能は MoA には備わっていないので注意してください．

24 ▶ Maxima の画面に戻るには

> マニュアル画面から **Maxima 画面に戻る**には，
> ┇ → [Back to Maxima] をタップする．

マニュアルの画面から MoA の画面に戻るには，メニューボタン ┇ をタップします．タップすると [Back to Maxima] が表示されるので，これをタップすることで MoA の画面に戻ります．あるいは，バックボタンを押してもかまいません．

25 ▶ 特定のコマンドの解説を見るには

> **特定のコマンドの解説を見る**には，
> ・ :→ [Manual] とし，画面最上部の [Index] を選択する．
> ・コマンドの**頭文字アルファベットをタップ**する．
> ・表示されたコマンド一覧から，当該**コマンドを探す**．

　特定のコマンドがマニュアルのどの節で説明されているのかがわからないときは，メニューボタン : をタップして，[Manual] を選択したときの最上部に表示される [Index] を利用します．[Index] をタップすると，"B. Function and Variable Index" の箇所にジャンプします．そこでは，Maxima で利用されるすべての記号とコマンドがアルファベット順に整理して表示されます．以下は，[Index] をタップしたときの冒頭部分です．

```
[Top] [Contents] [Index] [?]

B. Function and Variable Index

Jump : ! " # $ % ' * + - . / : ; < = > ?  [ \] ^_ | ~
     A B C D E F G H I J K L M N O P Q R S T U V W X Y Z

（以下略）
```

　3 行目の "Jump" と書かれている箇所の記号やアルファベットをタップすると，その記号やアルファベットを頭文字とするコマンドの一覧が表示されます．たとえば，絶対値関数の abs の頭文字である "A" をタップすると，"a" を頭文字とするすべてのコマンドとそれを解説している節のタイトル一覧が青字で表示されます．

```
A
    abasep      27.2 Functions and Variables for atensor
    abs         10.1 Functions for Numbers
    absboxchar  4.3 Functions and Variables for Display
    absint      28.5 Functions and Variables for ···
      :           :
      :           :
```

ここで "abs" をタップすると，関数 abs() に関する解説文と利用例が表示されます．節名である "10.1 Functions for Numbers" をタップすると，その節の先頭に移動します．

26 ▶ マニュアルの使用例を自分で試すには

マニュアルの例を試すには，試してみたいコマンドの解説を表示して，
- **青地の背景の使用例をタップ**する．
- 例で示される最初の式が入力エリアに入るので，ENTER で**実行する**．
- ⋮ → [Next example] で，次の例が入力エリアに入る．

MoA には，コマンドを打ち込まなくても，マニュアルの使用例を自分で簡単に試せる仕組みが盛り込まれています．

まず，メニューボタン ⋮ をタップして [Manual] を選択します．適当な箇所の解説を表示させると，いくつかの例が青地の背景で表示されます．その青地部分をタップすると MoA の画面に戻り，青地部分の最初の例が MoA の入力エリアに書き込まれます．

たとえば，絶対値関数 abs の使用例の青地部分をタップすると，MoA の画面に戻り，最初の例が入力エリアに書き込まれます．そのコマンドは，ENTER をタップすると実行されます．

(%i1) abs([-4,0,1,1+%i]); ◀━ 青地の例をタップすると入力される
$$[4,0,1,\sqrt{2}]$$

上記ではマニュアルの例をそのまま実行していますが，適当に修正して実行してもかまいません．また，MoA では，マニュアルに書かれている (%oN) は表示されません．

マニュアルに書かれている次の例を試すには，メニューボタン ⋮ をタップすると表示される画面（図 1.9 ↳ p.14）の最後にある [Next example] を選択します．すると，マニュアルに書かれている 2 番目の例が入力エリアに書き込まれてカーソルが点滅します．

(note) [Next example] は，青地の例の箇所を循環表示します．つまり，青地の枠組みの最後の例の後に [Next example] を選択すると，青地部分の最初の例に戻ります．

Chapter

2

数と式の計算

▶ この章では，数と式の計算に関する Maxima のコマンドを説明します．
Maxima を計算の答え合わせとして利用したり，「紙と鉛筆」の代わり
に利用して煩雑な計算を省略するなど，数学に対するそれぞれの理解状況
に応じて有効に活用してください．

note これ以降の章では，入力とその出力結果のみを示し，本文の記述で
は入力の終わりを示す；は省略します． MoA は；がなくても ENTER を
タップするだけで結果を表示しますが， PC 版の Maxima に数式を入
力するときは，必ず；を追加してください．

2-1 ■ 数の計算

27 ▶ 計算できる整数の桁数は

整数の計算では，取り扱える**桁数に制限はない**．

Maxima 自体には，取り扱える整数の桁数に制限はありません．使用機器
のメモリーの許す限り，整数を正確な値で計算することができます．(%i1)
は，2^{100} の値を出力させています．

(%i1) 2^(100);

1267650600228229401496703205376

(%i2) では，100! の値を出力させています．横 1 行に改行されないで表
示されるので，続きは画面を横にスワイプさせて見てください．

(%i2) 100!;　　　　　　スワイプして続きを表示

93326215443944152681699238856266700490715 96 ⋯

---

27 計算できる整数の桁数は 43

28 ▶ 小数の有効桁数は

浮動小数点数は，整数部分と小数部分を併せて **16 桁で表される**.

　float や numer により小数で表示すると（**7** ↳ p.20），その値は浮動小数点数で表され，整数部分と小数部分を併せると 16 桁の数で表されます.

　たとえば，6 桁の整数 123456 を 4 桁の浮動小数点数で表す場合を考えると，1.235×10^5 として表されます．小数 0.123456 は 1.235×10^{-1} として，いずれも近似値で表されます．Maxima のデフォルトの小数表示は，16 桁で表示します.

　(%i3) は，2^{100} を浮動小数点数に直したものです．小数点をつけて 2.0^100 としても，同じ結果が表示されます．整数部分は最初の 1 桁目を，小数部分はその後の 15 桁分を用いて表示されます．10^{+30} が付いているので，この値は 31 桁の整数であることがわかります．当然ながら，2^{100} の正確な値ではなく，残りの桁が 0 で置き換えられた値になっています.

```
(%i3) float(2^100);
```
$$1.26765060022823 \times 10^{+30}$$

　(%o4) は，2^{100} の逆数を浮動小数点数に直したものです．PC 版の Maxima では $7.888609052210118_B \times 10^{-31}$ と表示され，表示結果に若干の相違があります．本来は，PC 版のように表示されるべきです．現在の MoA のバージョンで PC 版と同じ表示をさせるには，bfloat(1/2^100) とします（**29** ↳ p.45）．浮動小数点数への変換は，実際には 2 進数に直して計算されています．その変換に伴う誤差により，数によっては 15 桁で表示される場合もあります.

```
(%i4) float(1/2^100);
```
$$0.788860905221012 \times 10^{-30}$$
```
(%i5) bfloat(1/2^100);
```
$$7.888609052210118_B \times 10^{-31}$$

29 **浮動小数点数の有効桁数を変更するには**

浮動小数点数 x の有効桁数を n 桁に変更するには，

・ $\boxed{\text{fpprec:n}}$ とする．n のデフォルト値は 16 に設定されている．

・fpprec で指定した桁数で表示するには，$\boxed{\text{bfloat(x)}}$ とする．

$\boxed{\text{note}}$ float や numer は，fpprec の影響を受けない．

　浮動小数点数の有効桁数は，fpprec という変数を利用して任意の桁数に変更することができます．デフォルト値は 16 です．ただし，変更した値を反映させるには，float ではなく bfloat を利用します．bfloat により表される数を**多倍長浮動小数点数**といいます．

　円周率 π を numer により小数で表すと，16 桁で表示されます．

(%i6) %pi,numer;
$$3.141592653589793$$

　有効桁数を多くして，たとえば 30 桁で表示させるには，(%i7) のようにして変数 fpprec に 30 を割り当てます．

(%i7) fpprec:30\$ ◂─$\boxed{\text{\$ で出力を抑制}}$

(%i8) bfloat(%pi);
$$3.14159265358979323846264338328_B \times 10^0$$

　(%o8) の下付の B は，この値が bfloat によるものであることを表します．fpprec に 30 を割り当てた後の bfloat の表示は，すべて 30 桁になります．ただし，fpprec の値を変更しても，(%o9) のように，float は 16 桁で表示して fpprec の影響は受けません．numer も同様です．なお，桁数指定の必要がなくなったら，デフォルト値に戻しておきましょう．

29 浮動小数点数の有効桁数を変更するには 45

```
(%i9) float(%pi);
                    3.141592653589793
(%i10) fpprec:16$
```
← デフォルトの値(16)に戻す

有効桁数を一時的に変更するには,「,」で区切って次のように指定します.

```
(%i11) bfloat(%pi),fpprec:4;
                    3.142_B × 10^0
```

30 ▶ 浮動小数点数を有理数で表すには

浮動小数点数 x を有理数で表すには, $\boxed{\text{rationalize(x)}}$ とする.

たとえば,円周率 π の値を,rationalize を利用して,小数の桁数を増やしながら有理数に変換すると次のようになります.

```
(%i12) bfloat(%pi),fpprec:3;
                    3.14_B × 10^0
(%i13) rationalize(%);
                      3217
                     ──────
                      1024
(%i14) bfloat(%pi),fpprec:5;
                    3.1416_B × 10^0
(%i15) rationalize(%);
                     411775
                    ────────
                     131072
```
← %で直前の出力を参照

31 ▶ 割り算の商と余りを求めるには

> ・$a \div b$ **の商** c **と余り** d **を求める**には，$\boxed{\text{divide(a,b)}}$ とする.
> 結果は，リストで $[c, d]$ により返される.
> ・$a \div b$ **の商** c **だけを求める**には，$\boxed{\text{quotient(a,b)}}$ とする.
> ・$a \div b$ **の余り** d **だけを求める**には，$\boxed{\text{mod(a,b)}}$ とする.

二つの整数 a と b の割り算 $a \div b$ で，商や余りの値を知るには divide を利用します．divide(a,b) の結果は $[c, d]$ というリストで返され，c は商を，d は余りを表します．したがって，$a = b \times c + d$ が成り立ちます．
 たとえば，$83 \div 23$ という割り算の結果は次のようになります．

```
(%i16) divide(83,23);
                        [3, 14]
```

83 を 23 で割ると商が 3 で余りが 14 であり，$83 = 23 \times 3 + 14$ です．
なお，商は quotient(a,b)，余りは mod(a,b) によっても求められます．

```
(%i17) quotient(83,23);
                          3
(%i18) mod(83,23);
                         14
```

これらのコマンドは，a, b が多項式の場合でも有効です．たとえば，$(x^2 + 2x + 2) \div (x - 2)$ の商は $x + 4$，余りは 10 となります．

```
(%i19) divide(x^2+2*x+2,x-2);
                      [x + 4, 10]
```

32 ▶ 整数の素因数分解を行うには

・整数 n の素因数分解は factor(n) とする.
・正整数 n の素因数と指数のリストは, ifactors(n) とする.

整数 n の素因数分解を行うには, factor(n) とします. factor は, 多項式の因数分解も行います (**15** ↳ p.28).

```
(%i20) factor(5402250);
                2 3² 5³ 7⁴
```

ただし, 素因数に指数部分がないときは, 隣同士の数が近すぎて, どのように分解されているのかを読み取りにくいときがあります. たとえば, 次の例を見てください.

```
(%i21) factor(510510);
                2 3 5 7 11 13 17
```

このようなときは ifactors を利用します. 素因数とその指数が一つのリストになって結果が表示されます (**12** ↳ p.25).

```
(%i22) ifactors(510510);
     [[2, 1], [3, 1], [5, 1], [7, 1], [11, 1], [13, 1], [17, 1]]
(%i23) ifactors(5402250);
               [[2, 1], [3, 2], [5, 3], [7, 4]]
```

note 本書では触れませんが, ほかにも整数論に関するいろいろなコマンドがあります. 関心のある方はマニュアルの "29. Number Theory" を見てください (**23** ↳ p.38).

33 ▶ 順列や組合せの値を求めるには

異なる n 個のものから r 個取り出すとき，

・**順列の総数を求める**には，$\boxed{\texttt{permutation(n,r)}}$ とする．

・**組合せの総数を求める**には，$\boxed{\texttt{combination(n,r)}}$ とする．

$\boxed{\text{note}}$ 事前に，$\boxed{\texttt{load(functs)}}$ を実行しておく必要がある．

順列や組合せの総数を求める関数は，Maxima の標準機能には組み込まれていません．そこで，load により新たなパッケージ functs を読み込ませると順列や組合せの総数を求めることができます．

以下では，load(functs) を実行した後に，たとえば，順列 $_8\mathrm{P}_3$ の値を permutation(8,3) により，組合せ $_{12}\mathrm{C}_9$ の値を combination(12,9) により求めています．

なお，これらの値は，次のように計算されます．

$$_8\mathrm{P}_3 = 8 \cdot 7 \cdot 6 = 336$$
$$_{12}\mathrm{C}_9 = {}_{12}\mathrm{C}_3 = \frac{12 \cdot 11 \cdot 10}{3!} = 220$$

```
(%i24) load(functs)$  ←─ $ で出力を抑制
(%i25) permutation(8,3);
                        336
(%i26) combination(12,9);
                        220
```

なお，n が自然数とは限らない場合の一般化された二項係数 $\begin{pmatrix} n \\ r \end{pmatrix}$ は，binomial(n,r) により求めることができます．

34 ▶ 平方根の積を計算をするには

式に含まれる**平方根の積** $\sqrt{x}\sqrt{y}$ **を一つの平方根** $\sqrt{xy}$ **にまとめるに**
は，$\boxed{\texttt{rootscontract(式)}}$ とする．

最初に，リストを利用して，x, y, z にそれぞれ $\sqrt{2}, \sqrt{3}, \sqrt{5}$ を割り当て
ておきます (**12** ↳ p.25)．このように割り当てたうえで，積 xy を計算して
みましょう．

```
(%i27) [x, y, z]:[sqrt(2), sqrt(3), sqrt(5)]$
(%i28) x*y;
                    √2 √3
```

積 xy を計算しても $\sqrt{2}\sqrt{3}$ が返されるだけで，$\sqrt{6}$ にはなりません．これ
を一つの平方根にまとめて $\sqrt{6}$ とすべきかどうかは，式変形の状況によっ
て異なるため，どのように計算すべきかを細かく指示する必要があるので
す．平方根の積を $\sqrt{x}\sqrt{y} = \sqrt{xy}$ として一つの平方根にまとめるには，
rootscontract を利用します．

```
(%i29) rootscontract(x*y);
                    √6
```

しかし，このコマンドを利用しても，$\sqrt{2}(\sqrt{3} + \sqrt{5})$ は計算されません．

```
(%i30) rootscontract(x*(y+z));
                    √2(√5 + √3)
```

これは，rootscontract には式の展開を行う機能がないためです．し
たがって，この計算を行うには，expand を利用して式の展開をしてから，
rootscontract を適用する必要があります (**14** ↳ p.28)．

```
(%i31) expand(x*(y+z));  ← x*(y+z), expand; でもよい
```
$$\sqrt{2}\,\sqrt{5} + \sqrt{2}\,\sqrt{3}$$
```
(%i32) rootscontract(%);  ← % で直前の出力を参照
```
$$\sqrt{10} + \sqrt{6}$$

35 ▶ 分母の有理化をするには

分母を有理化するには，`ratsimp(式),algebraic` とする．

分母の有理化を行うには，式の簡略化を行う `ratsimp` を利用し，さらに「，」で区切って `algebraic` を追記します．

以下では，**34**(↳ p.50) で値を割り当てられた x, y, z に対して，次の計算をしています．

$$\frac{x}{y+z} = \frac{\sqrt{2}}{\sqrt{3}+\sqrt{5}} = \frac{\sqrt{2}(\sqrt{3}-\sqrt{5})}{(\sqrt{3}+\sqrt{5})(\sqrt{3}-\sqrt{5})}$$
$$= \frac{\sqrt{2}\sqrt{3} - \sqrt{2}\sqrt{5}}{-2} = \frac{\sqrt{10}-\sqrt{6}}{2}$$

```
(%i33) ratsimp(x/(y+z)),algebraic;
```
$$\frac{\sqrt{2}\,\sqrt{5} - \sqrt{2}\,\sqrt{3}}{2}$$
```
(%i34) rootscontract(%);
```
$$\frac{\sqrt{10} - \sqrt{6}}{2}$$

36 **分数の分子と分母を取り出すには**

分数 $\dfrac{B}{A}$ において，分子 B を取り出すには $\boxed{\text{num(B/A)}}$，

分母 A を取り出すには $\boxed{\text{denom(B/A)}}$ とする．

34(↳ p.50) で値が割り当てられた x, y, z に対し，$\dfrac{x}{y+z}$ の分子は num(x/(y+z))，分母は denom(x/(y+z)) により取り出すことができます．

```
(%i35) x/(y+z);
```
$$\frac{\sqrt{2}}{\sqrt{5}+\sqrt{3}}$$
```
(%i36) num(x/(y+z));   ← num(%); でもよい
```
$$\sqrt{2}$$
```
(%i37) denom(x/(y+z));   ← denom(%o35); でもよい
```
$$\sqrt{5}+\sqrt{3}$$

以下に，分子や分母を取り出す計算の利用例を示します．

平方根を含む式の計算では，分子と分母に同じ式を掛けて分母を有理化する計算が必要になることがあります．たとえば，$\dfrac{x}{y+z}$ の場合は，分子と分母に $y-z$，つまり $\sqrt{3}-\sqrt{5}$ を掛けて，**35**(↳ p.51) で示したような計算になるはずですが，この計算を Maxima で行うと，分子と分母の同じ式の部分が約分されて何も変わりません．

```
(%i38) x/(y+z)*(y-z)/(y-z);
```
$$\frac{\sqrt{2}}{\sqrt{5}+\sqrt{3}}$$

この有理化の計算を Maxima で行うには，まず，分子と分母を分離して

$[\sqrt{2}, \sqrt{3}+\sqrt{5}]$ というリストを作ります.

```
(%i39) [num(%),denom(%)];  ← %で直前の出力を参照
            [√2, √5 + √3]
```

このリストに，$\sqrt{3}-\sqrt{5}$ を掛けて展開します．個々の成分に $\sqrt{3}-\sqrt{5}$ を掛けると，

$$(\sqrt{3}-\sqrt{5})\sqrt{2} = \sqrt{2}\sqrt{3} - \sqrt{2}\sqrt{5}$$
$$(\sqrt{3}-\sqrt{5})(\sqrt{3}+\sqrt{5}) = (\sqrt{3})^2 - (\sqrt{5})^2 = -2$$

となります．展開して計算させるので，expand を追記して次のようにします．なお，(%i40) の%は，直前の結果である $[\sqrt{2}, \sqrt{3}+\sqrt{5}]$ を表します.

```
(%i40) %*(y-z),expand;
            [√2 √3 − √2 √5, −2]
```

このリストの第 1 成分 $\sqrt{2}\sqrt{3} - \sqrt{2}\sqrt{5}$ を第 2 成分の -2 で割り，さらに rootscontract を利用して平方根の積を一つの平方根にまとめると，有理化の結果が得られます.

```
(%i41) %[1]/%[2];  ← 直前の結果の第1,第2成分を参照
            √2 √3 − √2 √5
          − ──────────────
                  2
(%i42) rootscontract(%);
            √6 − √10
          − ─────────
               2
(%i43) kill(x,y,z)$  ← 割り当てた値を解除した
```

36 分数の分子と分母を取り出すには 53

37 ▶ 複素数の積や商を求めるには

複素数 z, w に対して，積や商は次のようにして求められる．

・積 zw を求めるには， `expand(z*w)` とする．

・商 $\dfrac{w}{z}$ を求めるには， `ratsimp(w/z),algebraic` とする．

複素数は，$i^2 + 1 = 0$ を満たす i に対して，$a + bi$（a, b は実数）の形の数のことです．i を虚数単位といい，Maxima では %i で表します．数学の本では複素数は $z = a + bi$ の形で表されますが，Maxima では $z = bi + a$ の形で表示されます．

複素数の和や差の計算は，虚数単位 i を文字のように扱って普通に行うことができますが，積や商では平方根の計算のときと同様のコマンドを利用します．

以下は，$z = 2 + 3i, w = 4 + 5i$ としたときの計算例です．

z と w に値を割り当てて積 zw を求めると展開しないまま出力されるので，(%i47) では expand を利用して展開しています（**14** ↳ p.28）．

$$zw = (2 + 3i)(4 + 5i) = (8 - 15) + (10 + 12)i = -7 + 22i$$

```
(%i44) z:2+3*%i$

(%i45) w:4+5*%i$

(%i46) z*w;
                    (3 i + 2) (5 i + 4)

(%i47) expand(%);  ◀ %, expand; でもよい
                        22 i - 7
```

商 $\dfrac{w}{z}$ は，分母の有理化と同じコマンドを利用します（**35** ↳ p.51）．

$$\frac{w}{z} = \frac{4 + 5i}{2 + 3i} = \frac{(4 + 5i)(2 - 3i)}{(2 + 3i)(2 - 3i)} = \frac{23 - 2i}{13}$$

```
(%i48) w/z;
            5i + 4
            ─────
            3i + 2
(%i49) ratsimp(%),algebraic;
              2i − 23
            − ───────
                13
(%i50) kill(z,w)$   ← 割り当てた値を解除した
```

38 複素数の実部・虚部や絶対値などを求めるには

複素数 $z = a + bi$ に対して,
- **実部を求める**には `realpart(z)`, **虚部**は `imagpart(z)` とする.
- **絶対値** $|z|$ **を求める**には `cabs(z)`, **偏角** θ は `carg(z)` とする.
- **共役複素数** $\bar{z}$ **を求める**には `conjugate(z)` とする.

複素数 $z = a + bi$ の実部 a は `realpart(z)`, 虚部 b は `imagpart(z)` により求めることができます. 以下は, $z = a + bi$ の場合です.

```
(%i51) z:a+b*%i$
(%i52) realpart(z);
                a
(%i53) imagpart(z);
                b
```

複素数 $z = a + bi$ の絶対値 $|z|$ は `cabs(z)`, 偏角 θ は `carg(z)` により求められます. $z = a + bi$ のときの絶対値, 偏角について,

$$|z| = \sqrt{a^2 + b^2},\ \tan\theta = \frac{b}{a}$$

が成り立ちます.

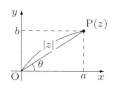

絶対値と偏角を一つのリスト (**12** ↳ p.25) として求めると，次のように
なります．

(%i54) [cabs(z),carg(z)];
$$\left[\sqrt{a^2 + b^2}, \text{atan2}(b, a)\right]$$

(%i54) の carg(z) で求められる偏角 θ は，$\tan\theta = b/a \ (-\pi < \theta \leqq \pi)$
となる角です．そのような角は二つありますが，点 $z = a + bi$ が位置する
象限から一つだけに定まります．atan2 という関数は，そのような角を返
します．たとえば，点 $z = 2 + 3i$ は第 1 象限にあるので，atan2(3,2) で表
される角 θ は $0 < \theta < \dfrac{\pi}{2}$ の範囲にあります．

(%i55) では，atan2 を利用して θ の値を求めています．(%i56) で $180°/\pi$
を掛けて度数法に直すと，約 $56.3°$ であることがわかります．

なお，逆正接関数 ★ $\text{atan}\,x$ は，$\tan\theta = x \left(-\dfrac{\pi}{2} < \theta < \dfrac{\pi}{2}\right)$ となる角 θ
を返します．

(%i55) atan2(3, 2), numer;
$$0.982793723247329$$
(%i56) %*180/%pi, numer;
$$56.30993247402021$$

なお，$z = a + bi$ の共役複素数 $\bar{z} = a - bi$ は，conjugate(z) により求
められます．

(%i57) conjugate(z);
$$a - ib$$

---

39 ▶ 複素数の極形式を求めるには

- $z = a + bi$ を $re^{i\theta}$ の形で表すには，$\boxed{\texttt{polarform(z)}}$ とする．
- $z = re^{i\theta}$ を $a + bi$ の形で表すには，$\boxed{\texttt{rectform(z)}}$ とする．
- 極形式を $r\left(\dfrac{a}{r} + \dfrac{b}{r}i\right)$ $(r = |z|)$ の形で表すには，

  $\boxed{\texttt{demoivre(z)}}$ とする．極形式でないときは，z が返される．

複素数 $z = a + bi$ を

$$z = \sqrt{a^2 + b^2}\left(\frac{a}{\sqrt{a^2 + b^2}} + \frac{b}{\sqrt{a^2 + b^2}}i\right) \qquad \cdots\cdots ①$$

と変形して，$r = \sqrt{a^2 + b^2}$ とおくと，$\tan\theta = b/a$ を満たす θ に対して

$$z = r(\cos\theta + i\sin\theta) \qquad \cdots\cdots ②$$

と表され，オイラーの公式★ $e^{i\theta} = \cos\theta + i\sin\theta$ を用いると，

$$z = r\,e^{i\theta} \qquad \left(\tan\theta = \frac{b}{a}\right) \qquad \cdots\cdots ③$$

と表されます．②，③ の式を**極形式**といいます．$a + bi$ を ③ の形にするには polarform，$re^{i\theta}$ を $a + bi$ の形にするには rectform，① の形にするには demoivre を利用します．以下に，$z = 2 + 3i$ の場合の例を示します．

```
(%i58) z:2+3*%i$
(%i59) polarform(z);
```
$$\sqrt{13}\,e^{i\arctan\left(\frac{3}{2}\right)}$$
```
(%i60) rectform(%);
```
$$3i + 2$$
```
(%i61) demoivre(%o59);
```
$$\sqrt{13}\left(\frac{3i}{\sqrt{13}} + \frac{2}{\sqrt{13}}\right)$$
```
(%i62) kill(z)$    ← z の値を解除した
```

(%o59) では $\arctan\left(\dfrac{3}{2}\right)$ と表されていますが, Maxima に arctan とい
う関数はありません. (%o59) は, 偏角が逆正接関数を利用して表されるこ
とを示しているだけです. 実際の偏角の値は atan2(3,2) により求められま
す (**38** ↳ p.55).

40 ▶ 物理定数を利用するには

記号の一覧の表示は $\boxed{\text{propvars(physical\_constant)}}$ とする.

物理定数 a に関して,

・**定数の内容を表示する**には, $\boxed{\text{get(a, description)}}$ とする.

・**定数の値を単位付きで表示する**には, $\boxed{\text{constvalue(a)}}$ とする.

・**定数の単位を表示する**には, $\boxed{\text{units(a)}}$ とする.

note 最初に, $\boxed{\text{load(physical\_constants)}}$ を実行しておく.

物理定数を利用するには, load(physical_constants) を実行します.

```
(%i63) load(physical_constants)$
```

これにより, 真空中の光速度, ニュートンの重力定数, アボガドロ数な
ど, 全部で 38 の定数の値が読み込まれます. 読み込まれる物理定数の一
覧と, 各定数の入力の仕方は**付録 2**(↳ p.138) を参照してください.

利用できる物理定数の記号の一覧は, propvars により表示されます.

```
(%i64) propvars(physical_constant);
```
$[c,\ \mu_0,\ \in_0,\ Z_0,\ G,\ h,\ \hbar,\ m_P,\ k,\ T_P,\ l_P,\ t_P,\ e,\ \Phi_0,\ G_0,\ \cdots$

パッケージを load で読み込むときは constant**s** ですが, ここでは
constant なので注意してください. 表示される値は, 国際的な科学技術デー
タ委員会 (CODATA) の推奨値です. MoA に組み込まれている Maxima

58　**2-1** 数の計算

では 2006 CODATA の値が用いられています.

円周率などと同様に, 物理定数は頭文字が % ではじまる簡潔なアルファベットで表されます. ある記号で表される定数がどのような定数であるかを知るには, get を利用します.

```
(%i65) get(%G, description);
           Newtonian constant of gravitation
```

記号 %G で表される定数は, ニュートンの重力定数です. これは, ニュートンの万有引力の法則 $F = G\dfrac{m_1 m_2}{r^2}$ に現れる物理定数で, この比例定数 G が %G で表されます. この値は, いろいろな文字式の計算の中でも利用することができます.

具体的な値は float(%G) では表示されません. constvalue を利用します. 単位付きで表示され, その値を近似する有理数で示されます.

```
(%i66) float(%G);
                    G
(%i67) constvalue(%G);
          166857              m^3
       ─────────────────     ─────
       2500000000000000      s^2 kg
```

浮動小数点数で表示させるには, constvalue による結果に対して float か numer を利用します.

```
(%i68) float(%);
           0.667428 × 10^{-10}  m^3
                               ─────
                               s^2 kg
```

物理定数の単位だけを表示させるには, units を利用します.

40 物理定数を利用するには 59

```
(%i69) units(%G);
```
$$\frac{m^3}{kg\, s^2}$$

41 ▶ 2 進数や 16 進数で入力・出力するには

・p 進数で入力するには，`ibase:p` とする．
・p 進数で出力するには，`obase:p` とする．

10 進数では，数 $abcde$ は，$a \cdot 10^4 + b \cdot 10^3 + c \cdot 10^2 + d \cdot 10 + e$ です．このような数 10 を**基数**といいます．Maxima では，入力する数の基数は ibase，出力する数の基数は obase に割り当てられ，デフォルト値はいずれも 10 です．この数を 2 から 36 までの整数に変更することができます．

2 進数で入力するには，ibase:2 とします．たとえば，2 進数の 11111 は，10 進数では $1 \cdot 2^4 + 1 \cdot 2^3 + 1 \cdot 2^2 + 1 \cdot 2 + 1 = 31$ です．

```
(%i70) ibase:2$
(%i71) 11111;
                        31
```

ibase を 10 に戻して，今度は 16 進数で出力されるように obase:16 としてみます．16 進数では，10 進数の $10, 11, 12, 13, 14, 15$ はそれぞれ A, B, C, D, E, F で表されます．$31 = 1 \cdot 16 + 15$ なので，31 は 16 進数では $1F$ です．

```
(%i72) ibase:10$
(%i73) obase:16$
(%i74) 31;
                        1F
(%i75) obase:10$   ← 10 進数での出力に戻した
```

60　**2-1**　数の計算

ibase や obase を何度も変更するとエラーが出ることがあります．そのようなときは，Maxima をいったん終了して再度立ち上げてください．

2-2 ■ 式の計算

42 ▶ 文字式を特定の文字で整理をするには

式を x について降べきの順に整理するには，$\boxed{\text{rat(式, x)}}$ とする．
さらに係数を y で整理するには，$\boxed{\text{rat(式, y, x)}}$ とする．

式 A に $(x+y+z)^3$ を割り当てておいて，A を x について整理するには，rat(A, x) とします．なお，Maxima は大文字と小文字を区別します．

```
(%i1) A:(x+y+z)^3$
(%i2) rat(A,x);
```
$$x^3 + (3z + 3y)x^2 + (3z^2 + 6yz + 3y^2)x + z^3 +$$
$$3yz^2 + 3y^2z + y^3$$

この係数をさらに y について整理するには，rat(A, y, x) とします．

```
(%i3) rat(A,y,x);
```
$$x^3 + (3y + 3z)x^2 + (3y^2 + 6zy + 3z^2)x + y^3 +$$
$$3zy^2 + 3z^2y + z^3$$

43 ▶ 指定した次数の係数を取り出すには

多項式の文字 x について n 次の項の係数を取り出すには，
- $\boxed{\text{ratcoef(式, x, n)}}$ とする．n を省略すると 1 が仮定される．
- または，$\boxed{\text{ratcoef(式, x^n)}}$ とすることもできる．

43▶ 指定した次数の係数を取り出すには　61

A に式 $(x+y+z)^3$ が割り当てられているとき，x^2 の係数を取り出すには ratcoef(A, x, 2)，または ratcoef(A, x^2) とします．

```
(%i4) ratcoef(A, x, 2);
                    3z + 3y
```

一つの文字だけではなく，特定の式に関する係数を求めることもできます．たとえば，A において $(x+y)^2$ の係数を求めることができます．ratcoef(A, x+y, 2)，または ratcoef(A, (x+y)^2) とします．

実際の展開式は，次のようになります．

$$A = (x+y+z)^3 = \{(x+y)+z\}^3$$
$$= (x+y)^3 + 3(x+y)^2 z + 3(x+y)z^2 + z^3$$

```
(%i5) ratcoef(A, (x+y)^2);
                    3z
```

44 ▶ 式を複素数の範囲で因数分解するには

複素数の範囲で式を因数分解するには，$\boxed{\text{gfactor(式)}}$ とする．なお，整数 a, b に対して $a+bi$ をガウス整数という．

整数係数での因数分解 factor については，**15**(↳ p.28) を見てください．複素数の範囲での因数分解を行うには，gfactor を利用します．ガウス整数 (a, b を整数として $a+bi$ で表される数) の範囲で因数分解されます．なお，整数係数での分解ができないとき，factor は式をそのまま返します．

```
(%i6) gfactor(x^2+4);
                    (x - 2i)(x + 2i)
(%i7) factor(x^2+4);
                    x^2 + 4
```

62　**2-2** 式の計算

45 式を実数の範囲で因数分解するには

> **式を無理数 a を含む形で因数分解するには**，a を解にもつ最小次数の
> 多項式を $f(x)$ とするとき，$\boxed{\texttt{factor(式,f(a))}}$ とする．

factor は，係数が整数の範囲での因数分解を行います．無理数を含む形
で因数分解するには**最小多項式** ★ に関する知識が必要になります．

たとえば，$\sqrt{2}$ を解にもつ整数係数の最小次数の多項式は $x^2 - 2$ です．
これが $\sqrt{2}$ の最小多項式です．係数に $\sqrt{2}$ も許容すると，$x^4 + 1$ は

$$x^4 + 1 = (x^2 + 1)^2 - (\sqrt{2}x)^2 = (x^2 - \sqrt{2}x + 1)(x^2 + \sqrt{2}x + 1)$$

と因数分解されます．この因数分解を Maxima で行うには，最小多項式
$x^2 - 2$ を x 以外の文字に変えて，たとえば factor(x^4+1, a^2-2) とし
ます．

```
(%i8) factor(x^4+1,a^2-2);
            (x^2 - a x + 1)(x^2 + a x + 1)
```

46 有理式を通分するには

> ・**有理式を通分するには**，$\boxed{\texttt{ratsimp(式)}}$ とする．可能であれば約分
> して，簡約化した結果が返される．
>
> ・**通分した式を簡約化しないで表示するには**，$\boxed{\texttt{xthru(式)}}$ とする．

分子や分母が多項式からなる有理式（分数式）の通分を行うには，式の
簡略化をするコマンド ratsimp を利用します．たとえば，

$$\frac{3}{x-2} - \frac{x+10}{x^2-4}$$

を通分すると，

$$\frac{3}{x-2} - \frac{x+10}{x^2-4} = \frac{3}{x-2} - \frac{x+10}{(x+2)(x-2)}$$

$$= \frac{3(x+2)}{(x+2)(x-2)} - \frac{x+10}{(x+2)(x-2)}$$

$$= \frac{3(x+2)-(x+10)}{(x+2)(x-2)}$$

$$= \frac{2(x-2)}{(x+2)(x-2)} = \frac{2}{x+2}$$

となります．この計算を ratsimp を利用して行ってみましょう．

最初に，この有理式を A に割り当ててから ratsimp を実行すると，通分後の分子の展開，分子と分母の因数分解，そして共通因数の約分まで行われた最終結果が表示されます．

```
(%i9)  A:3/(x-2)-(x+10)/(x^2-4);
                3      x + 10
              ————— - ——————
              x - 2   x² - 4
(%i10) ratsimp(A);   ← A, ratsimp; でもよい
                   2
                 ——————
                 x + 2
```

通分の計算過程がわかるように変形するには，xthru を利用します．xthru を利用すると，約分して展開する前の分子を知ることができます．

```
(%i11) xthru(A);
          3 (x² - 4) + (-x - 10) (x - 2)
          ——————————————————————————————
                  (x - 2)(x² - 4)
```

計算効率のうえでは，共通分母は分母の最小公倍数 x^2-4 とすべきですが，xthru は単に分母を形式的に共通にして一つの分数にまとめるだけで，分子の展開は行われません．分子を因数分解するには，num を利用して分子を取り出してから因数分解します（**36** ↳ p.52）．

64　**2-2**　式の計算

```
(%i12) factor(num(%));      ← %で直前の出力を参照
                    2(x − 2)²
```

この式を，denom を利用して取り出した (%o11) の分母で割って ratsimp により簡約化すると，(%o10) と同じ結論が得られます．

```
(%i13) %/denom(%o11), ratsimp;
                    2
                  ─────
                  x + 2
```

47 ▶ 有理式を部分分数に分解するには

有理式を変数 x に関して部分分数に分解するには，
`partfrac(式, x)` とする．

有理式を部分分数に分解するには partfrac を利用します．たとえば，$\dfrac{1}{x^3 + 1}$ を部分分数に分解するには，分母が

$$x^3 + 1 = (x + 1)(x^2 − x + 1)$$

と因数分解できるので，x に関して次のような部分分数に分解されます．

$$\frac{1}{x^3 + 1} = \frac{a}{x + 1} + \frac{bx + c}{x^2 − x + 1}$$

partfrac を利用すると，右辺の式の分子の係数がわかります．

```
(%i14) A:1/(x^3+1)$
(%i15) partfrac(A, x);
              1            x − 2
          ─────────  −  ──────────────
          3(x + 1)      3(x² − x + 1)
```

47 有理式を部分分数に分解するには **65**

48 等式から左辺と右辺を取り出すには

eqn に等式 $A = B$ が割り当てられているとき，**左辺を取り出す**には $\boxed{\text{lhs(eqn)}}$ とし，**右辺を取り出す**には $\boxed{\text{rhs(eqn)}}$ とする．

たとえば，次の等式を eqn として割り当てます．

$$(a^2 + b^2)(c^2 + d^2) = (ac + bd)^2 + (ad - bc)^2$$

```
(%i16) eqn:(a^2+b^2)*(c^2+d^2)=(a*c+b*d)^2
+(a*d-b*c)^2;  ← 1行で入力
```
$$(b^2 + a^2)(d^2 + c^2) = (bd + ac)^2 + (ad - bc)^2$$

　このとき，左辺は lhs(eqn)，右辺は rhs(eqn) により取り出すことができます．取り出した式を expand を利用して展開すると同じ式になるので，この等式は正しいことがわかります．

　この等式が成り立つことは，lhs(eqn)-rhs(eqn) を展開すると 0 になることを示すことでも証明することができますが，左辺と右辺を別々に展開して比較するほうがわかりやすいと思われます．

```
(%i17) lhs(eqn);
```
$$(b^2 + a^2)(d^2 + c^2)$$
```
(%i18) rhs(eqn);
```
$$(bd + ac)^2 + (ad - bc)^2$$
```
(%i19) lhs(eqn),expand;
```
$$b^2 d^2 + a^2 d^2 + b^2 c^2 + a^2 c^2$$
```
(%i20) rhs(eqn),expand;
```
$$b^2 d^2 + a^2 d^2 + b^2 c^2 + a^2 c^2$$

2-3 ■ 「紙と鉛筆」としての利用例

Maxima は，計算の最終結果を表示させるばかりではなく，「紙と鉛筆」
の代わりに利用することができます．ここでは，そのような利用例として，
次の問題を考えてみます．

> 次の式が恒等式となるように，定数 a, b, c の値を定めよ．
> $$\frac{x+2}{x^3-1} = \frac{a}{x-1} + \frac{bx+c}{x^2+x+1}$$

(1) 手計算による解法

最初に，両辺に $x^3-1 = (x-1)(x^2+x+1)$ を掛けて分母を払うと

$$(x^3-1) \cdot \frac{x+2}{x^3-1} = (x^3-1)\left(\frac{a}{x-1} + \frac{bx+c}{x^2+x+1}\right)$$

$$x+2 = a(x^2+x+1) + (bx+c)(x-1)$$

となります．右辺を展開して整理すると

$$x+2 = (a+b)x^2 + (a-b+c)x + (a-c)$$

となるので，両辺の係数を比較して次の連立方程式が得られます．

$$a+b=0, \quad a-b+c=1, \quad a-c=2$$

この連立方程式を解くことにより，$a=1, b=c=-1$ が得られます．

(2) 「紙と鉛筆」としての Maxima の利用

最初に，与えられた等式を eqn に割り当てます．

> ```
> (%i21) eqn:(x+2)/(x^3-1)=a/(x-1)+(b*x+c)/(x^2+x+1);
> ```
> $$\frac{x+2}{x^3-1} = \frac{bx+c}{x^2+x+1} + \frac{a}{x-1}$$

式を正しく打ち込んだことを確認するために，$ による出力の抑制は行っ
ていません (**11** ↳ p.24)．

67

この式の両辺に $x^3 - 1$ を掛けます.

```
(%i22) (x^3-1)*eqn;
```
$$x + 2 = (x^3 - 1)\left(\frac{b\,x + c}{x^2 + x + 1} + \frac{a}{x - 1}\right)$$

左辺は約分されますが,右辺はそのままで表示されるので,(%i23)では expand により展開して,さらに ratsimp により式の簡約化を行います (**46** ↳ p.63). ratsimp は,有理式の通分ばかりではなく,このような形で有理式の簡約化を行うときに利用することもできます. expand だけだと,( ) がはずされるだけで式の簡約化は行われません.

```
(%i23) expand(%),ratsimp;
```
$$x + 2 = (b + a)\,x^2 + (c - b + a)\,x - c + a$$

次に,(%o23) の両辺の係数を比較して得られる連立方程式を,solve を利用して解きます (**17** ↳ p.30). (1) で求めた解と同じ結果が得られます.

```
(%i24) solve([a+b=0,a-b+c=1,a-c=2],[a,b,c]);
```
$$[[a = 1, b = -1, c = -1]]$$

このように,計算の方向性がわかっているときは,自分で計算しているかのような感覚で Maxima を利用することができます.

なお,最終結果だけを知りたいのであれば,eqn の左辺に対して,partfrac により部分分数分解するだけですみます (**47** ↳ p.65).

```
(%i25) partfrac(lhs(eqn),x);
```
$$\frac{-x - 1}{x^2 + x + 1} + \frac{1}{x - 1}$$

Chapter
3
方程式の解法

▶ 数学の中では，いろいろな方程式が現れてきます．2次方程式には解の公式があります．3次方程式や4次方程式にも同様の解の公式があり，その公式は Maxima に組み込まれています．また，解の公式が存在しないときは，Maxima は解の近似値を求めることができます．

この章では，様々な方程式の解の求め方について解説します．

49 ▶ 3次・4次方程式を解の公式を用いて解くには

・次数が 4 次までの方程式 $f(x) = 0$ の解を解の公式を利用して求めるには，$\boxed{\text{solve(f(x)=0, x)}}$ とする．
・5 次以上であっても，式が因数分解できるときは正確に求められる．

solve は，解の公式や式の因数分解を行って多項式で表される方程式の解を求めます．解が求められないときは方程式がそのまま返されます．たとえば，$x^5 - 3x + 1 = 0$ は5次方程式です．5 次以上の方程式では解の公式が存在しないので，式がそのまま返されます．

```
(%i1) solve(x^5-3*x+1=0, x);
            [0 = x^5 - 3 x + 1]
```

ただし，因数分解することができれば，5 次以上でも解が求められます．たとえば，$x^5 + x^3 - x^2 - 1 = 0$ は

$$x^5 + x^3 - x^2 - 1 = (x^2 + 1)(x^3 - 1)$$
$$= (x^2 + 1)(x - 1)(x^2 + x + 1)$$

と因数分解できるので，solve により解が求められます．

49 3次・4次方程式を解の公式を用いて解くには　　69

```
(%i2) solve(x^5+x^3-x^2-1=0,x);
```
$$\left[x = -i,\ x = i,\ x = 1,\ x = -\frac{\sqrt{3}\,i+1}{2},\ x = \frac{\sqrt{3}\,i-1}{2}\right]$$

　解の公式は，係数に対する四則や根号を用いた式で解を表すものです．Maxima には，4 次方程式までの解の公式が組み込まれています．5 次以上の方程式では，そのような解の公式は存在しません．

　解の公式を用いると，たとえば 3 次方程式 $x^3 - 3x + 1 = 0$ の解は次のように表示されます．

```
(%i3) solve(x^3-3*x+1=0,x);
```
スワイプして続きを表示

$$\left[x = \left(\frac{-1}{2} - \frac{\sqrt{3}\,i}{2}\right)^{\frac{2}{3}} + \left(-\frac{\sqrt{3}\,i}{2} - \frac{1}{2}\right)\left(\cdots\right.$$

　画面をスワイプさせて見ると，この解はリストであり，次のような複素数を含む式で表されています．

$$\left[x = \left(\frac{\sqrt{3}\,i}{2} - \frac{1}{2}\right)^{\frac{2}{3}} + \left(-\frac{1}{2} - \frac{\sqrt{3}\,i}{2}\right)\left(\frac{\sqrt{3}\,i}{2} - \frac{1}{2}\right)^{\frac{1}{3}},\right.$$

$$x = \left(\frac{\sqrt{3}\,i}{2} - \frac{1}{2}\right)^{\frac{4}{3}} + \frac{\frac{-1}{2} - \frac{\sqrt{3}\,i}{2}}{\left(\frac{\sqrt{3}\,i}{2} - \frac{1}{2}\right)^{\frac{1}{3}}},$$

$$\left. x = \left(\frac{\sqrt{3}\,i}{2} - \frac{1}{2}\right)^{\frac{1}{3}} + \frac{1}{\left(\frac{\sqrt{3}\,i}{2} - \frac{1}{2}\right)^{\frac{1}{3}}}\right]$$

　ここで，$x^3 - 3x + 1$ のグラフを表示させてみると（**20** ↳ p.34），方程式 $x^3 - 3x + 1 = 0$ は 3 個の実数解をもつことがわかります．

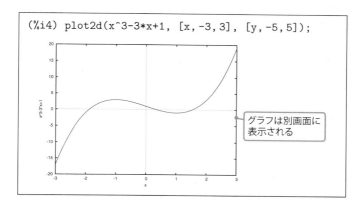

そこで，(%o3) の解が実数であることを確認してみましょう．複素数 z が実数であるのは，$z = \bar{z}$，すなわち $z - \bar{z} = 0$ のときです．

最初の解は出力式 (%o3) の第 1 成分の右辺なので，rhs(%o3[1]) で表されます (**12**, **48** ↳ p.25, 66). (%i5) ではその値を z として，(%i6) で $z - \bar{z}$ の実部を求めています．(%i7) では虚部を求めて，(%i8) で小数に直しています．(%o6) と (%o8) より，$z - \bar{z}$ の実部と虚部がいずれも 0 になるので，z は実数であることがわかります．ほかの解も同様に実数です．なお，realroots を利用すると，この実数解の近似値を求めることができます (**50** ↳ p.72).

```
(%i5) z:rhs(%o3[1])$
(%i6) realpart(z-conjugate(z));
                    0
(%i7) imagpart(z-conjugate(z));
```
$$2\sin\left(\frac{4\pi}{9}\right) - \sin\left(\frac{2\pi}{9}\right) - \sqrt{3}\cos\left(\frac{2\pi}{9}\right)$$
```
(%i8) %,numer;
                   0.0
```

49 3次・4次方程式を解の公式を用いて解くには

50 **方程式の実数解の近似値を求めるには**

> ・**方程式 $f(x) = 0$ の実数解を求める**には，$\boxed{\texttt{realroots(f(x)=0)}}$
> とする．実数解の近似値が有理数で出力される．
> ・近似の精度は，デフォルトでは 10^{-5} に設定されている．
> ・**精度を 10^{-n} にする**には，$\boxed{\texttt{realroots(f(x)=0, 10\^(-n))}}$ とする．

　方程式 $f(x) = 0$ が実数解をもつとき，その実数解の近似値を求めるには
`realroots` を利用します．実数解をもつかどうかは，グラフで確認できます．
たとえば，方程式 $x^3 - 3x + 1 = 0$ の実数解は，`realroots(x^3-3*x+1=0)`
により求められます．左辺のグラフは前のページを参照してください．

```
(%i9) realroots(x^3-3*x+1=0);
```
$$\left[x = -\frac{63061705}{33554432},\ x = \frac{11653331}{33554432},\ x = \frac{51408373}{33554432} \right]$$

　`realroots` による近似解は，(%o9) のように有理数で表示されます．小
数で表すには，`float` か `numer` を利用します（**7** ↳ p.20）.

```
(%i10) %, numer;
      [x = -1.879385262727737, x = 0.34729632735···
```

　近似の精度は，デフォルトでは 10^{-5} に設定されています．精度を自分
で指定するには，その値を方程式の後に追記します．(%i11) では，精度を
10^{-16} にしています．なお，複素数を含むすべての解の近似値を求めるに
は `allroots` を利用します．マニュアルの 20.1 節を参照してください．

```
(%i11) realroots(x^3-3*x+1=0, 10^(-16)), numer;
      [x = -1.879385241571817, x = 0.34729635533···
```

72

51 多項式とは限らない方程式の実数解の近似値は

> **多項式とは限らない方程式 $f(x) = 0$ の実数解の近似値を求める**には，
> `find_root(f(x)=0,x,a,b)` とする．ただし，区間 $[a, b]$ の中に実数解が 1 個だけあり，$f(a)f(b) < 0$ であるものとする．

方程式の解を求める solve は，方程式が多項式に変形できるなどの場合に解を求めます．realroots は，多項式の実数解の近似値を求めます．

多項式でない方程式として，たとえば，方程式 $x = \cos x$ の解を考えます．右のグラフから $0 < x < \dfrac{\pi}{2}$ の範囲に解があることが明らかですが，solve はその解を求めることができず，方程式がそのまま返されます．

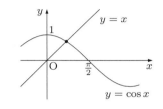

```
(%i12) solve(x=cos(x), x);
                    [x = cos x]
```

このような方程式の実数解の近似値を求めるには，find_root を利用します．方程式 $f(x) = 0$ の解が区間 $[a, b]$ に一つだけあり，$f(a)f(b) < 0$ であるとき，$f(x)$ と区間 $[a, b]$ を指定すると実数解の近似値が返されます．

方程式 $x = \cos x$ の場合は，$f(x) = x - \cos x$ に対して

$$f(0)f\left(\frac{\pi}{2}\right) = -\frac{\pi}{2} < 0$$

となるので，次のように近似解を求めることができます．

```
(%i13) find_root(x-cos(x)=0, x, 0, %pi/2);
                0.7390851332151607
```

52 ▶ 連立方程式の解に任意定数が含まれるときは

連立方程式の解が任意定数を含むとき，**任意定数**は$\%r_N$で表される．
任意定数が現れるごとにNの値が増えていく．

連立方程式に対して solve で方程式と変数をリストで指定すると，連立方程式の解を求めることができますが (**17** ↳ p.30)，その解に任意定数が含まれる場合があります．たとえば，次の連立1次方程式は二つの方程式が同じ式になるので，$x + 2y + 3 = 0$ を満たすすべての値が解になります．

$$\begin{cases} x + 2y + 3 = 0 \\ 2x + 4y + 6 = 0 \end{cases}$$

この連立方程式の解は，$y = t$ とおくと $x = -2t - 3$ となるので，$x = -2t - 3, y = t$ と表されます．t は任意定数で，任意の値をとることができます．Maxima では，このような任意定数が$\%r_N$で表されます．

```
(%i14) solve([x+2*y+3=0,2*x+4*y+6=0],[x,y]);
        [[x = -2%r_1 - 3, y = %r_1]]
```

(%o14) の $\%r_1$ が任意定数です．この数はアルファベットの後ろの文字から割り当てられ，(%o14) では y に割り当てられています．そして，任意定数が現れるごとに N の値が増えていきます．

方程式の個数が未知数の個数よりも少ないときも，任意定数を含んだ解となります．たとえば，式が一つだけの方程式 $x + y + z = 1$ を x, y, z について解くと次のようになり，z, y の順に任意定数が割り当てられます．

```
(%i15) solve([x+y+z=1],[x,y,z]);
        [[x = -%r_3 - %r_2 + 1, y = %r_3, z = %r_2]]
```

74

Chapter
4

関数とそのグラフ

▶ 世の中ではいろいろなものが変化しています．そのような変化を表すため，自然科学に限らず，経済学や心理学などの分野でも関数が使われています．

Maxima は，$y = f(x)$ のような独立変数が一つだけの関数のみならず，$z = f(x, y)$ のような独立変数を二つもつ関数のグラフも描画することができます．この章では，対数関数や三角関数の変形の仕方や，いろいろな関数のグラフの描画方法を解説します．

4-1 ■ 対数関数・三角関数の式変形

53 ▶ 対数の和や差を一つの対数にまとめるには

> **対数の和や差で表される式を一つの対数にまとめる**には，
> `logcontract(式)` とする．ただし，和・差の係数は整数とする．

Maxima では，$\log x$ で表される対数関数はネイピア数 e を底とする自然対数です．常用対数が必要なときは自分で定義します（**59** ↳ p.84）．

対数の計算では，対数の和や差で表される式を一つの対数にまとめる場合があります．たとえば，$2\log a - 3\log b + \dfrac{3}{2}\log c$ を変形すると

$$2\log a - 3\log b + \frac{3}{2}\log c = \log a^2 - \log b^3 + \log c^{\frac{3}{2}}$$

$$= \log \frac{a^2}{b^3} + \log \sqrt{c^3}$$

$$= \log \frac{a^2\sqrt{c^3}}{b^3}$$

となります．この変形を Maxima で行うには，最初に変形する式を epr として割り当てておいてから，`logcontract` を利用します．

53 対数の和や差を一つの対数にまとめるには 75

```
(%i1) epr:2*log(a)-3*log(b)+3/2*log(c)$
(%i2) logcontract(epr);
```
$$\frac{3\log c}{2} + \log\left(\frac{a^2}{b^3}\right)$$

logcontract は，整数を係数にもつ対数を一つの対数にまとめますが，(%o2) のように分数を係数とする項はそのまま残ります．そこで，はじめに与えられた式を通分して，係数が整数だけになるようにします．

$$
\begin{aligned}
2\log a - 3\log b + \frac{3}{2}\log c &= \frac{4\log a - 6\log b + 3\log c}{2} \\
&= \frac{\log a^4 - \log b^6 + \log c^3}{2} \\
&= \frac{\log \dfrac{a^4 c^3}{b^6}}{2}
\end{aligned}
$$

式の通分は ratsimp により行うことができるので (**46** ↳ p.63)，式 epr を通分してから logcontract を適用します．

```
(%i3) ratsimp(epr);
```
$$\frac{3\log c + 4\log a - 6\log b}{2}$$
```
(%i4) logcontract(%);
```
$$\frac{\log\left(\frac{a^4 c^3}{b^6}\right)}{2}$$

まとめる係数を細かく指定すれば，文字や有理数を係数とする場合もまとめることができます．詳しくはマニュアルの logcontract の箇所（10.4 節）を参照してください (**23** ↳ p.38)．

54 ▶ 一つの対数を対数の和や差に分けるには

・**一つの対数で表された式を対数の和や差の式で表す**には,
　$\boxed{\text{式, logexpand:value}}$ とする.
・value は, true, all, super, false の四つの値をとる.

　一つの式にまとめられた対数をいくつかの対数の和や差の式に分けるには, logexpand の値を指定することで行います. この値のとり方による違いを, $\log ab, \log \dfrac{a}{b}, \log a^b, \log \dfrac{2}{3}$ をリストにして見てみましょう.

```
(%i5) lst:[log(a*b),log(a/b),log(a^b),log(2/3)];
```
$$\left[\log(a\,b),\ \log\left(\frac{a}{b}\right),\ \log a\,b,\ \log\left(\frac{2}{3}\right)\right]$$

　value のデフォルト値は true で, 第 3 成分が $\log a^b = b \log a$ と変形されます.
　value の値を all にすると, 対数の性質である

$$\log ab = \log a + \log b, \quad \log \frac{a}{b} = \log a - \log b$$

を用いた変形が行われます. しかし, 有理数 $\dfrac{2}{3}$ はそのまま残ります.

```
(%i6) lst,logexpand:all;
```
$$\left[\log b + \log a,\ \log a - \log b,\ \log a\,b,\ \log\left(\frac{2}{3}\right)\right]$$

　value の値を super にすると, $\log \dfrac{2}{3}$ も対数の差で表されます.

```
(%i7) lst,logexpand:super;
```
$$\left[\log b + \log a,\ \log a - \log b,\ \log a\,b,\ \log 2 - \log 3\right]$$

55 ▶ 三角関数の基本公式を用いて式の簡約化をするには

三角関数を含む式を，三角関数の基本公式

$$\sin^2\theta + \cos^2\theta = 1, \quad 1 + \tan^2\theta = \frac{1}{\cos^2\theta}$$

を利用して簡約化するには， $\boxed{\texttt{trigsimp(式)}}$ **とする.**

[note] 三角関数は trigonometric function という.

Maxima を利用して三角関数を含む式を変形するには，どのような公式を適用すべきかを Maxima に指示する必要があります.

たとえば，等式 $\dfrac{\sin x}{1+\cos x} = \dfrac{1-\cos x}{\sin x}$ の証明を考えてみます. この等式は，次のようにして証明されます.

$$
\begin{aligned}
(\text{左辺}) - (\text{右辺}) &= \frac{\sin x}{1+\cos x} - \frac{1-\cos x}{\sin x} \\
&= \frac{\sin^2 x}{(1+\cos x)\sin x} - \frac{(1-\cos x)(1+\cos x)}{\sin x(1+\cos x)} \\
&= \frac{\sin^2 x - (1-\cos^2 x)}{(1+\cos x)\sin x} \\
&= \frac{(\sin^2 x + \cos^2 x) - 1}{(1+\cos x)\sin x} = 0
\end{aligned}
$$

この計算を Maxima で行うには，最初に与えられた等式を epr として割り当てておいて，(左辺) − (右辺) を通分します. 等式の左辺と右辺は lhs と rhs で取り出すことができ (**48** ↳ p.66)，分数式の通分は ratsimp または xthru を利用します (**46** ↳ p.63).

```
(%i8) epr:sin(x)/(1+cos(x))=(1-cos(x))/sin(x)$
(%i9) ratsimp(lhs(epr)-rhs(epr));
```
$$\frac{\sin^2 x + \cos^2 x - 1}{(\cos x + 1)\sin x}$$

78 **4-1** 対数関数・三角関数の式変形

分数式の通分は行われましたが，三角関数の重要な基本公式である $\sin^2 x + \cos^2 x = 1$ は適用されず，そのままの式で残ります．三角関数ではいろいろな変形の仕方があるので，どのような公式を利用すべきかは，Maxima にそのつど指示する必要があるのです．

　$\sin^2 x + \cos^2 x = 1$ や $1 + \tan^2 x = \dfrac{1}{\cos^2 x}$ という公式を利用した変形を行うには，ratsimp ではなく trigsimp を利用します．

```
(%i10) trigsimp(lhs(epr)-rhs(epr));
                    0
```

　差が 0 になるので等式 epr が成り立つことがわかりますが，いきなり差が 0 と示されても「わかった気分」にはならないかもしれません．そのようなときは，ratsimp や xthru を利用して通分した式を確認してから，その出力式に対して trigsimp を適用するとよいでしょう．以下では，ratsimp で通分した式 (%o9) に対して trigsimp を適用しています．

```
(%i11) trigsimp(%o9);
                    0
```

[note] trigsimp は，双曲線関数★ に対して適用することもできます．双曲線関数の基本公式である $\cosh^2 x - \sinh^2 x = 1$ を用いた変形が行われます．

```
(%i12) epr:sinh(x)/(1+cosh(x))+(1-cosh(x))/sinh(x);
```
$$\frac{\sinh x}{1 + \cosh x} + \frac{1 - \cosh x}{\sinh x}$$
```
(%i13) ratsimp(epr);
```
$$\frac{\sinh^2 x - \cosh^2 x + 1}{(\cosh x + 1)\sinh x}$$
```
(%i14) trigsimp(%);
                    0
```

55　三角関数の基本公式を用いて式の簡約化をするには　　79

56 ▶ 加法定理などを利用して三角関数を展開するには

・**三角関数を含む式を，倍角公式や加法定理を一度だけ利用して展開するには**， $\boxed{\texttt{trigexpand(式)}}$ とする．
・**完全に展開するには**， $\boxed{\texttt{式, trigexpand}}$ とする．

　三角関数を含む式を，倍角公式や加法定理を利用して展開するには `trigexpand` を利用します．たとえば，式 $\cos(x+2y)$ を epr に割り当てて加法定理で展開すると，次のようになります．

```
(%i15) epr:cos(x+2*y)$
(%i16) trigexpand(epr);
            cos x cos(2 y) − sin x sin(2 y)
```

　公式を一度だけ使って展開するので，$\sin 2y$ や $\cos 2y$ はそのまま残ります．2倍角の公式も使って展開するには，(%o16) に対してもう一度 `trigexpand` を適用します．

```
(%i17) trigexpand(%);
            cos x (cos² y − sin² y) − 2 sin x cos y sin y
```

　2回に分けて適用しないで，最初から epr, trigexpand とすると完全に展開されます．

```
(%i18) epr, trigexpand;
            cos x (cos² y − sin² y) − 2 sin x cos y sin y
```

57 三角関数の積やべき乗を和や差に直すには

- 三角関数の積やべき乗を含む式を，nx（n は整数）**の三角関数の和や差で表す**には，$\boxed{\texttt{trigreduce(式)}}$ とする．
- **ある変数に対して変形する**には，$\boxed{\texttt{trigreduce(式，変数)}}$ とする．

三角関数の積やべき乗を含む式を nx（n は整数）の三角関数で表すには trigreduce を利用します．たとえば，加法定理で展開された式

$$\cos(x + 2y) = \cos x \cos 2y - \sin x \sin 2y$$

の右辺を左辺に戻すには，右辺を epra として次のようにします．

```
(%i19) epra:cos(x)*cos(2*y)-sin(x)*sin(2*y)$
(%i20) trigreduce(epra);
                    cos(2 y + x)
```

2 倍角の公式 $\sin 2y = 2\sin y \cos y$，$\cos 2y = \cos^2 y - \sin^2 y$ も利用して展開されていると，trigreduce によっては元には戻りません．

```
(%i21) eprb:cos(x)*(cos(y)^2-sin(y)^2)-2*sin(x)
*sin(y)*cos(y)$   ← 1行で入力
(%i22) trigreduce(eprb);
      cos(2 y + x)   cos(2 y - x)
      ──────────── - ──────────── + cos x cos(2 y)
           2              2
```

(%o22) の式は，2 倍角の公式と積を和に直す公式が利用されています．

$$\cos x(\cos^2 y - \sin^2 y) - 2\sin x \cos y \sin y$$
$$= \cos x \cos 2y - \sin x \sin 2y \quad （第 2 項を和に直すと）$$
$$= \frac{\cos(2y + x)}{2} - \frac{\cos(2y - x)}{2} + \cos x \cos 2y$$

57 三角関数の積やべき乗を和や差に直すには　81

このように，加法定理で展開した直後であれば元の式に戻りますが，いくつかの公式が適用された式は必ずしも最初の式には戻りません．

しかし，変数を指定すると，指定された変数に関して適用された公式を元に戻そうとします．たとえば，式 eprb において，y に関する 2 倍角の公式を元に戻すには，trigreduce(eprb, y) とします．

```
(%i23) trigreduce(eprb, y) ;
            cos x cos(2 y) − sin x sin(2 y)
```

この式に再度 trigreduce を利用すると，最初の式に戻ります．

```
(%i24) trigreduce(%);
            cos (2 y + x)
```

trigreduce を利用すると，$\sin^n x$ や $\cos^n x$ をべき乗を含まない形に変形することができます．たとえば，3 倍角の公式は

$$
\begin{aligned}
\sin 3x &= \sin (x + 2x) \\
&= \sin x \cos 2x + \cos x \sin 2x \\
&= \sin x (1 - 2\sin^2 x) + 2\sin x \cos^2 x \\
&= \sin x (1 - 2\sin^2 x) + 2\sin x (1 - \sin^2 x) \\
&= 3\sin x - 4\sin^3 x
\end{aligned}
$$

という公式ですが，この式より

$$
\sin^3 x = \frac{3\sin x - \sin 3x}{4}
$$

となります．trigreduce を利用すると次のようになります．

```
(%i25) trigreduce(sin(x)^3);
            3 sin x − sin(3 x)
            ──────────────────
                    4
```

82　4-1　対数関数・三角関数の式変形

4-2 ■ 関数の定義

58 ▶ Maxima のコマンドを含む関数を定義するには

> ・**関数 $f(x)$ を定義する**には，$\boxed{\text{f(x):=式}}$ のほかに
> $\boxed{\text{define(f(x),式)}}$ としても定義できる.
> ・**式が Maxima のコマンドを含むとき**は $\boxed{\text{define}}$ を用いて定義する.

関数 $f(x)$ に式を定義する記号 := (**19** ↳ p.33) と define の違いをみるため，たとえば $x^2 + 2x$ を微分した式を $f(x)$ としてみます.

```
(%i1) f(x):=diff(x^2+2*x, x)$ ◀── diff で導関数を計算
(%i2) f(x);
                    2 x + 2
```

$(x^2 + 2x)' = 2x + 2$ なので，とくに問題はないように見えるのですが，$x = 1$ のときの値を求めると次のようなエラーが発生します.

```
(%i3) f(1);
diff: second argument must be a variable; found 1
    (以下略)
```

これは，$f(x)$ の引数 x が，(%i1) の右辺の微分する変数 x と一致するためです. このように，Maxima のコマンドを含んだ式で関数を定義するときは，:= ではなく define を利用します.

```
(%i4) define(f(x),diff(x^2+2*x,x))$
(%i5) f(1);
                    4
```

58▶ Maxima のコマンドを含む関数を定義するには　83

59 ▶ 常用対数の値を求めるには

常用対数の値を求める関数を定義するには，たとえば
`log10(x):=float(log(x)/log(10));` とする.

　Maxima の対数関数 `log(x)` は自然対数です．常用対数を多用する場合は，底の変換公式を利用して常用対数の値を求める関数を，たとえば `log10(x)` として定義しておくとよいでしょう（**19** ↳ p.33）．結果は $log_{10}(x)$ と表示されますが，式を入力するときは `log10(x)` として入力します.

```
(%i6) log10(x):=float(log(x)/log(10));
```
$$log_{10}(x) := float\left(\frac{\log x}{\log 10}\right)$$
```
(%i7) log10(2);
```
$$0.3010299956639811$$

60 ▶ 三角関数を度数法で計算するには

三角関数の値を度数法で求める関数を定義するには，たとえば
`sin_deg(x):=float(sin(x*%pi/180));` とする.

　Maxima では，三角関数の計算は弧度法が用いられます．度数法での計算を多用する場合は，$\pi/180$ を掛けて度数法で計算しやすいような関数を定義しておくとよいでしょう．たとえば，次のように定義します（**19** ↳ p.33）.

```
(%i8) sin_deg(x):=float(sin(x*%pi/180));
```
$$sin\_deg(x) := float\left(\sin\left(\frac{x\,\pi}{180}\right)\right)$$
```
(%i9) sin_deg(60);
```
$$0.8660254037844386$$

61 ▶ 繰り返しや条件分岐を含む計算式を定義するには

[note] この項目は，プログラムに慣れていない方は飛ばしてください．

> **繰り返しや条件分岐を含む計算式を定義する**には，たとえば
> newfun(x):=block([u,v,w],処理 1,処理 2,...) などとする．
> 引数 x の値に対して，処理 1，処理 2，⋯ を行い，その結果が返される．
> ・最初の [u,v,w] では，block 内のローカル変数を宣言する．
> ・その後に，処理 1，処理 2，⋯ を「,」で区切って記述する．
> ・構文としては，次のものが利用できる．
>   if-then-else, for-thru-do, for-while-do,
>   for-unless-do, go, return, etc.

いろいろなプログラム言語では，数値に限らず，与えられたものに何らかの処理を行い，その結果を返す操作を関数とよんでいます．その意味の関数として，Maxima には block 関数があります．

たとえば，実数 x を与えて，$x \leqq 1$ であれば 0 を，$x > 1$ であれば x 以下の素数の個数を返す関数 sosu(x) を考えてみましょう．単純に，最小の素数である 2 から x の整数部分まで 1 ずつ増やしながら素数かどうかを判定して数えることにすると，sosu(x) は以下のような形で定義されます．

```
sosu(x):=block(
        [a,i,k],
        a:floor(x),
        if a<=1 then return(0),
        k:0,
        for i:2 while i<=a do
        (if primep(i) then k:k+1),
        return(k))$
```

block 関数の中にローカル変数を宣言して繰り返し文や条件分岐を含む

61 ▶ 繰り返しや条件分岐を含む計算式を定義するには　　85

表 4.1

行	コマンド	内容
1	sosu(x):=	適当な名前と引数を指定します．引数が二つ以上のときは sosu(x,y) などとします．
	block(	block 関数で定義することを宣言します．block( ) の括弧内に処理内容を記述します．
2	[a,i,k],	block(の直後の [ ] では，内部で使用するローカル変数をリストで指定します．そのような変数を使用しないときは省略できます． 一つ一つのコマンドは「,」で区切ります．
3	a:floor(x),	最初に，x の整数部分を a に割り当てます．
4	if a<=1 then return(0),	$a \leq 1$ であれば 0 を返して block 関数を終了します．$1 < a$ であれば，if 文を終了して次の 5 行目の処理に進みます．
5	k:0,	素数の個数を k で数えます．最初に 0 を割り当て，素数が現れるごとに 1 ずつ増やします．
6	for i:2 while i<=a do	for による繰り返し文です．i を 2 から順に 1 ずつ増やしながら，$i \leq a$ を満たしている間，7 行目にある do( ) の ( ) 内の処理を実行します． for 文の処理と次の処理を区切る「,」は do( ) の後につけます．
7	(if primep(i) then k:k+1),	primep(i) により，i が素数かどうかを判定します．i が素数のとき，つまり true が返されるときは個数 k を 1 増やして if 文を終了し，6 行目に戻ります．false が返されるときは，素数ではないので何もしないで 6 行目に戻ります． 6 行目に戻ると i が 1 増えて，i<=a の判定と 7 行目の処理を $i \leq a$ が満たされる間繰り返します．
8	return(k))$	6 行目の for の処理は，$i > a$ となると終了して個数の計算が終わります．k には素数の個数が記録されているので，それを return により返すことで block 関数を終了します． 右端の) は block 関数の終わりを意味します．

一連の処理を記述できるので，様々な処理を行うことが可能です．

　ここでは見やすいように改行しながらコマンドを示しましたが，MoA では改行しながら入力することができないので，一つの行で続けて入力します．これを利用すると，100 までの素数の個数は sosu(100) により求められます．

```
(%i10) sosu(x):=block([a,i,k], a:floor(x), if a<=1
    then return(0), k:0, for i:2 while i<=a do (if
    primep(i) then k:k+1), return(k))$  ←[1行で入力]
(%i11) sosu(100);
                        25
```

　sosu(x) の各行の意味は，表 4.1 を見てください．3 行目の floor(x) は，x を超えない最大の整数を返します．7 行目の primep(n) は，n が素数であれば true を，素数ではないときは false を返します．

　このようにして block 関数を利用すると，様々な処理を行うことが可能です．ただし，それを行う関数を定義するには，繰り返しや条件分岐などに関するプログラミングについて，ある程度は習熟している必要があります．基本的には，C や BASIC 等の他の構造化言語と同一です．Maxima のプログラムに関するコマンドについては，マニュアルの "37. Program Flow" を参照してください（**23** ↳ p.38）．

　なお，Maxima には，指定された範囲の素数をリストで返すコマンドとして primes があり，primes(m,n) により m から n までの素数がリストで返されます．また，リストに含まれる要素の個数を返すコマンドとして length があります．したがって，この二つのコマンドを利用すると，block 関数を利用した定義を行わなくても，素数の個数を知ることができます．

```
(%i12) length(primes(2,100));
                        25
```

61 ▶ 繰り返しや条件分岐を含む計算式を定義するには　　87

4-3 ■ 1変数関数のグラフ

62 ▶ 複数の関数のグラフを描画するには

> ・**二つの関数** $f(x), g(x)$ **の** $a \leq x \leq b$ **のグラフを表示する**には，`plot2d([f(x),g(x)],[x,a,b]);` とする．y **の範囲** $(c \leq y \leq d)$ **の指定**は `plot2d([f(x),g(x)],[x,a,b],[y,c,d]);` とする．
> ・三つ以上の関数の場合も，同様にして指定する．
> ・**画面へのマルチタッチ**で，**グラフの拡大・縮小**ができる．

関数 $y = f(x)$ のグラフ描画は，**20**(↳ p.34) を見てください．複数の関数のグラフを描画するには，`plot2d([f(x),g(x)],[x,a,b])` として，関数をリストにして指定します (**12** ↳ p.25)．三つ以上の関数でも同様です．

y の範囲は自動的に設定されますが，自分で指定するときは y の範囲を追加します．たとえば $c \leq y \leq d$ とするときは

$$\text{plot2d([f(x),g(x)],[x,a,b],[y,c,d])}$$

とします．

以下では，$y = x^3 - 3x$ のグラフと，原点における接線 $y = -3x$ のグラフを描画しています．x, y の範囲は，いずれも $[-3, 3]$ にしています．

(%i1) `plot2d([x^3-3*x,-3*x],[x,-3,3],[y,-3,3]);`

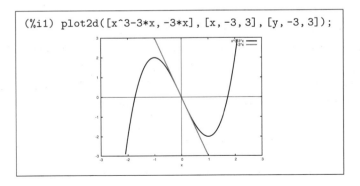

63 陰関数のグラフを描画するには

> $f(x,y) = 0$ で表される陰関数のグラフ $(a \leqq x \leqq b, c \leqq y \leqq d)$ を描画するには，`implicit_plot(f(x,y)=0, [x,a,b], [y,c,d])` とする．
>
> [note] 事前に，`load(implicit_plot)` を実行する必要がある．

関数は，必ずしも $y = f(x)$ の形で与えられるとは限りません．y が x の関数であっても，その関係が $f(x,y) = 0$ という形の式で与えられる場合があります．このようなとき，その関数を**陰関数**といいます．陰関数に対して，$y = f(x)$ の形の関数を**陽関数**といいます．

Maxima は，陰関数のグラフも専用のパッケージを読み込むことで表示することができます．まず，`load(implicit_plot)` として，陰関数のグラフ描画用のパッケージを読み込みます．その後は，コマンド `implicit_plot` に対して，`plot2d` と同様の書式で陰関数のグラフが描画されます．

下記では，曲線 $x^3 - 3xy + y^3 = 0$ の $-2 \leqq x \leqq 2, -2 \leqq y \leqq 2$ におけるグラフが描画されています．

```
(%i2) load(implicit_plot)$
(%i3) f(x,y):=x^3-3*x*y+y^3$
(%i4) implicit_plot(f(x,y)=0, [x,-2,2], [y,-2,2]);
```

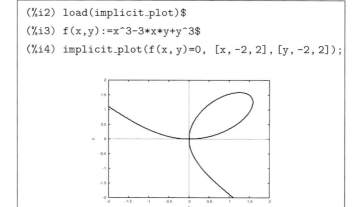

64 ▶ 媒介変数表示された関数のグラフを描画するには

$x = f(t), y = g(t)$ $(a \leq t \leq b)$ **と表された曲線を描画する**には，
`plot2d([parametric,f(t),g(t),[t,a,b]],same_xy)` とする．

二つの関数の組 $x = f(t), y = g(t)$ が与えられると，t の変化に伴って点 (x, y) が変化して，一つの曲線ができます．$x = f(t), y = g(t)$ を，t を媒介変数とする曲線の**媒介変数表示**といいます．

媒介変数表示で表された曲線も，plot2d により描画することができます．$x = f(t), y = g(t)$ $(a \leq t \leq b)$ により表された曲線を描画するには，

```
plot2d([parametric,f(t),g(t),[t,a,b]], same_xy)
```

とします．

たとえば，原点を中心とする半径 1 の円 (単位円) は $x^2 + y^2 = 1$ と表されますが，この曲線は媒介変数を用いると，$x = \cos t, y = \sin t$ と表されます．same_xy は，x 軸と y 軸の目盛りをそろえるための指定です．この指定を行わないと，少し横長で表示されます．

以下では，単位円を $0 \leq t \leq 2\pi$ の範囲で描画しています．

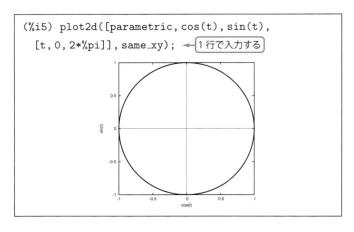

65 極座標で表された曲線を描画するには

> **極座標で $r = f(\theta)$ $(a \leqq \theta \leqq b)$ と表された曲線を描画する**には，
> `r:f(t)` により $f(t)$ を r に割り当ててから，次のようにする．
>
> `plot2d([parametric,r*cos(t),r*sin(t),[t,a,b]],same_xy)`

極座標で $r = f(\theta)$ $(a \leqq \theta \leqq b)$ と表される曲線は，直交座標では

$$x = r\cos\theta = f(\theta)\cos\theta, \quad y = r\sin\theta = f(\theta)\sin\theta$$

と θ を媒介変数とする媒介変数表示で表されます．この曲線を描くには，媒介変数 θ を t に変えて `r:f(t)` により $f(t)$ を r に割り当ててから，

`plot2d ([parametric,r*cos(t),r*sin(t),[t,a,b]],same_xy)`

とします．次の図は，心臓型曲線 (カージオイド) $r = 1 + \cos\theta$ です．
最初に，$1 + \cos t$ を r に割り当てて，t の範囲を $0 \leqq t \leqq 2\pi$，x 軸の範囲を $-1 \leqq x \leqq 2.5$ に設定しています．x 軸の範囲を指定しないと，$-0.5 \leqq x \leqq 2$ の範囲で描画されます．

```
(%i6) r:1+cos(t)$
(%i7) plot2d([parametric,r*cos(t),r*sin(t),
  [t,0,2*%pi]],[x,-1, 2.5],same_xy);    ←1行で入力する
```

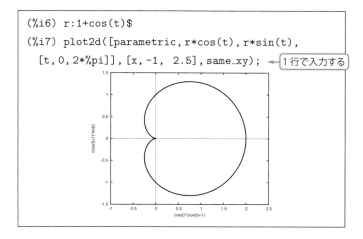

4-4 ■ 2変数関数のグラフ ★

66 ▶ 2変数関数のグラフを描画するには ★

> **2変数関数** $z = f(x,y)$ $(a \leqq x \leqq b,\ c \leqq y \leqq d)$ **のグラフを描画する**
> には，`plot3d(f(x,y),[x,a,b],[y,c,d])` とする．

2変数関数 $z = f(x,y)$ が与えられると，点 (x,y) を定めるごとに $z = f(x,y)$ の値が定まるので，空間内の点 $(x,y,f(x,y))$ が定まります．点 (x,y) が $z = f(x,y)$ の定義域内全体を動くと空間内に曲面が描かれます．それが $z = f(x,y)$ のグラフです．

2変数関数 $f(x,y)$ のグラフを描画するには plot3d を利用します．書式は plot2d と同様です（**20** ↳ p.34）．$a \leqq x \leqq b,\ c \leqq y \leqq d$ におけるグラフは，

```
plot3d(f(x,y),[x,a,b],[y,c,d])
```

により描かれます．必要があれば，z の範囲も同じようにして指定します．

次の図は，$z = x^2 + y^2$ のグラフを，$-4 \leqq x \leqq 4, -4 \leqq y \leqq 4$ の範囲で描画したものです．

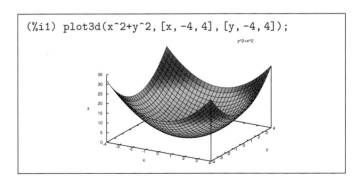

67 媒介変数で表された曲面を描画するには ★

> **媒介変数** u, v $(a \leqq u \leqq b, c \leqq v \leqq d)$ **を用いて**
> $$x = f(u, v), y = g(u, v), z = h(u, v)$$
> **で表された曲面を描画する**には，次のようにする．
>
> ```
> plot3d([f(u,v),g(u,v),h(u,v)],[u,a,b],[v,c,d],same_xyz)
> ```

空間の曲面上の点 (x, y, z) が変数 u, v の関数として

$$x = f(u, v), \quad y = g(u, v), \quad z = h(u, v) \quad (a \leqq u \leqq b, \ c \leqq v \leqq d)$$

と表されるとき，この曲面を描画するには次のように指定します．

```
plot3d([f(u,v), g(u,v), h(u,v)], [u, a, b], [v, c, d], same_xyz)
```

たとえば，中心が原点にある丸いドーナツ状の曲面（**トーラス**という）は，媒介変数 u, v を用いて次の式で表されます．

$$x = (3 + \cos v) \cos u, \quad y = (3 + \cos v) \sin u, \quad z = \sin v,$$
$$0 \leqq u, \quad v \leqq 2\pi$$

以下では，[legend, false] で図の右上に式が表示されることを抑制しています．グラフに関するほかのいろいろなオプションについては，マニュアルの 12.4 節を参照してください．

```
(%i2) [eqn1, eqn2, eqn3]:[(3+cos(v))*cos(u),
        (3+cos(v))*sin(u), sin(v)]$   ← 1行で入力
(%i3) plot3d([eqn1, eqn2, eqn3], [u, 0, 2*%pi],
        [v, 0, 2*%pi], same_xyz, [legend, false]);
```

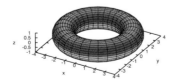

Chapter
5 数列と微分積分

▶ 数学では，いろいろな変化の仕組みをいくつかの変数の間の関係から捉えようとします．微分法を利用すると，関数の増加・減少などの変化の様子のみならず，関数の近似値も求めることができます．また，積分法を利用すると，面積，体積，長さなど，その関数に関するいろいろな量を求めることができます．

　この章では，微積分とかかわりのある数列と，微分法や積分法に関するコマンドについて解説します．

5-1 ■ 数列

68 ▶ 数列を定義するには

・**数列 $a_n = f(n)$ を定義する**には，配列データで $\boxed{\text{a[n]:=f(n)}}$ とする．

・**定義した数列 a[n] を削除する**には，$\boxed{\text{kill(a)}}$ とする．

数列 $a_1, a_2, a_3, \ldots$ を Maxima で扱うには，配列型のデータとして定義します．たとえば，奇数からなる数列 $1, 3, 5, \ldots$ は，一般項が $a_n = 2n - 1$ であるので，次のように定義します．

```
(%i1) a[n]:=2*n-1;
```
$$a_n := 2\,n - 1$$

n を 3 にしてみると，確かに 3 番目の奇数である 5 が表示されます．

```
(%i2) a[3];
```
$$5$$

94　**5-1** 数列

$n+1$ 番目を表示させると，単に $n+1$ を代入しただけの式が出力されます．展開して表示させるには expand を追記します．

```
(%i3) a[n+1];
                    2 (n + 1) − 1
(%i4) a[n+1],expand;
                      2 n + 1
```

a[n] という書き方は一見するとリストのように見えますが，リストの場合は b:[1,3,5,7] のような形での定義となり，n を含む一般的な形で定義することはできません．a がリストかどうかは，コマンド listp を利用するとわかります．listp(a) とすると，a がリストであれば true，リストでなければ false が返されます．

(%o7) では，a は配列型データでリストではないので，false が返されています．

```
(%i5) b:[1,3,5,7]$
(%i6) b[3];
                         5
(%i7) listp(a);
                       false
(%i8) listp(b);
                       true
```

定義した数列やリストを削除するには，kill を利用します．

```
(%i9) kill(a,b);
                       done
```

68 数列を定義するには　　95

69 ▶ 数列の和を求めるには

> **数列 $\{a_n\}$ の第 m 項から第 n 項までの和を求める**には，
> ・ $\boxed{\texttt{sum(a[k],k,m,n)}}$ ，または $\boxed{\texttt{nusum(a[k],k,m,n)}}$ とする．
> ・ m, n が文字のとき，$\boxed{\texttt{sum}}$ は**和の記号 Σ を用いた式で表示する**．
> $\boxed{\texttt{nusum}}$ は，和の公式を用いて**できるだけ簡約化して表示する**．

　数列 $\{a_n\}$ が配列型データで a[n] として定義済みのとき（**68** ↪ p.94），
その第 m 項から第 n 項 $(m < n)$ までの和は，sum または nusum を用いて
求めることができます．

　たとえば，数列 $\{a_n\}$ を $a_n = 2n - 1$ とすると，初項から第 5 項までの
和は $1 + 3 + 5 + 7 + 9 = 25$ です．

```
(%i10) a[n]:=2*n-1$
(%i11) sum(a[k],k,1,5);
                        25
```

　項の数を表す m, n は文字変数でもかまいません．そのようなとき，sum
は和の記号 Σ を用いて出力し，nusum は自然数のべき乗の和の公式を利用
して，次のようにできるだけ簡約化した式で出力します．

$$\sum_{k=1}^{n}(2k - 1) = 2\sum_{k=1}^{n}k - \sum_{k=1}^{n}1 = 2 \cdot \frac{n(n+1)}{2} - n = n^2$$

```
(%i12) sum(a[k],k,1,n);
                     n
                    ___
                    \
                    /   (2 k - 1)   ◀ Σ を用いて出力
                    ‾‾‾
                    k=1
(%i13) nusum(a[k],k,1,n);
                     n²   ◀ 簡約化して出力
(%i14) kill(a)$   ◀ 定義した数列を削除した
```

96　**5-1** 数列

70 ▶ 数列の漸化式から一般項を求めるには

> **数列の漸化式から一般項 a_n を求める**には，漸化式を eqn とし，初
> 期値を $a_1 = p, a_2 = q, \ldots$ とするとき，
>
> | solve_rec(eqn, a[n], a[1]=p, a[2]=q, ...) | とする.
>
> note 事前に， | load(solve_rec) | を実行しておく必要がある.

事前に，`load(solve_rec)` により漸化式の計算を行うパッケージを読み
込んでおくと，数列の漸化式から一般項を求めることができます.

```
(%i15) load(solve_rec)$
```

2 項間漸化式 $a_n + a_{n+1} + n = 0$ $(a_1 = 1)$ は，与えられた漸化式を eqn
に割り当てておいて，`solve_rec(eqn,a[n],a[1]=1)` とすると，一般項
a_n が出力されます.

```
(%i16) eqn:a[n]+a[n+1]+n=0$
(%i17) solve_rec(eqn,a[n],a[1]=1);
```
$$a_n = -\frac{5(-1)^n}{4} - \frac{2n-1}{4}$$

3 項間漸化式の場合は，初期値を二つ指定します. 次の例は，フィボナッ
チ数列の一般項を求めています. フィボナッチ数列は，$0, 1$ から始めて，直
前の二つの項を次々に加えることで得られる数列です.

```
(%i18) eqn:a[n]=a[n-1]+a[n-2]$
(%i19) solve_rec(eqn,a[n],a[0]=0,a[1]=1);
```
$$a_n = \frac{(\sqrt{5}+1)^n}{\sqrt{5}\,2^n} - \frac{(\sqrt{5}-1)^n\,(-1)^n}{\sqrt{5}\,2^n}$$

note フィボナッチ数列の n 番目の数は，`fib(n)` により求めることができます.

71 ▶ 数列の極限値の値を求めるには

> 数列 $\{a_n\}$ の極限値 $\displaystyle\lim_{n\to\infty} a_n$ を求めるには,
> `limit(a[n],n,inf)` とする.

たとえばネイピア数 e は, $e = \displaystyle\lim_{n\to\infty}\left(1+\dfrac{1}{n}\right)^n$ により定義される値です.

```
(%i20) limit((1+1/n)^n,n,inf);
                    e
```

5-2 ■ 微分法

72 ▶ 関数の極限値の値を求めるには

> ・極限値 $\displaystyle\lim_{x\to a} f(x)$ を求めるには, `limit(f(x),x,a)` とする.
> ・a は, $x\to\infty$ のときは inf, $x\to-\infty$ のときは minf とする.

たとえば, 極限値 $\displaystyle\lim_{x\to 1}\dfrac{x^3-1}{x-1}$ の値は, 次のようになります.

$$\lim_{x\to 1}\frac{x^3-1}{x-1} = \lim_{x\to 1}\frac{(x-1)(x^2+x+1)}{x-1} = \lim_{x\to 1}(x^2+x+1) = 3$$

```
(%i1) limit((x^3-1)/(x-1),x,1);
                    3
```

極限値 $\displaystyle\lim_{x\to\infty}\dfrac{x+2}{3x+4}$ の値は, 次のようになります.

$$\lim_{x\to\infty}\frac{x+2}{3x+4} = \lim_{x\to\infty}\frac{1+\dfrac{2}{x}}{3+\dfrac{4}{x}} = \frac{1}{3}$$

```
(%i2) limit((x+2)/(3*x+4),x,inf);
                    1
                    ─
                    3
```

　極限値 $\displaystyle\lim_{x \to 1} \frac{1}{(x-1)^2}$ の値は，$x \to 1$ のとき分母の $(x-1)^2$ が正の値を
とりながら 0 に近づくので，次のようになります．

$$\lim_{x \to 1} \frac{1}{(x-1)^2} = \infty$$

```
(%i3) limit(1/(x-1)^2,x,1);
                    ∞
```

73 関数の片側極限値の値を求めるには

> **関数の片側極限値の値を求める**には，
> ・ $\displaystyle\lim_{x \to a+0} f(x)$ は，$\boxed{\texttt{limit(f(x), x, a, plus)}}$ とする．
> ・ $\displaystyle\lim_{x \to a-0} f(x)$ は，$\boxed{\texttt{limit(f(x), x, a, minus)}}$ とする．

　$x > a$ を保ったまま $x \to a$ とすることを $x \to a+0$，$x < a$ を保ったま
ま $x \to a$ とすることを $x \to a-0$ と表し，そのような極限値を片側極限
値といいます．とくに，$x \to 0+0$ は $x \to +0$，$x \to 0-0$ は $x \to -0$ と
表します．これらの記号を用いると，たとえば，次のようになります．

$$\lim_{x \to +0} \frac{1}{x} = \infty, \quad \lim_{x \to -0} \frac{1}{x} = -\infty$$

```
(%i4) limit(1/x,x,0,plus);
                    ∞
(%i5) limit(1/x,x,0,minus);
                   −∞
```

73 関数の片側極限値の値を求めるには　　99

74 関数の極値を与える点や変曲点の座標を求めるには

微分可能な関数 $f(x)$ について,
・**極値をとりうる点**の x 座標は, $\boxed{\texttt{diff(f(x),x)=0}}$ を解く.
・**変曲点になりうる点**の x 座標は, $\boxed{\texttt{diff(f(x),x,2)=0}}$ を解く.
・$f'(x)$ や $f''(x)$ のグラフから, 解の前後の符号を調べる.

関数 $f(x)$ のグラフは, plot2d により描くことができます (**20** ↳ p.34) が, 極値をとる点や変曲点の座標は表示されません. 微分可能な関数に対して, 極値をとる可能性のある点の x 座標は $f'(x) = 0$ を, 変曲点となりうる点の x 座標は $f''(x) = 0$ を解くことで求められます.

たとえば, $f(x) = x^5 - 5x^3 + 1$ の極値を与える可能性のある点は,

$$f'(x) = 5x^4 - 15x^2 = 5x^2(x^2 - 3) = 0$$

を解くことにより, $x = 0, \pm\sqrt{3}$ です. また, 変曲点となりうる点は

$$f''(x) = 20x^3 - 30x = 10x(2x^2 - 3) = 0$$

を解くことにより, $x = 0, \pm\dfrac{\sqrt{6}}{2}$ です.

```
(%i6) f(x):=x^5-5*x^3+1$
(%i7) solve(diff(f(x),x)=0,x);
            [x = -√3, x = √3, x = 0]
(%i8) solve(diff(f(x),x,2)=0,x);
            [x = -√3/√2, x = √3/√2, x = 0]
```

この値を念頭におきながら plot2d により $f(x)$ のグラフを描画すれば, どこで極大・極小になるかがわかります. グラフから, $x = -\sqrt{3}$ のときに極大になり, $x = \sqrt{3}$ のときに極小になります. $x = 0$ では極値はとりません. また, 変曲点をとりうる点として得られた三つの点は, いずれも

変曲点であることがわかります．

ただし，$f'(x)$ や $f''(x)$ が簡単な式に因数分解できないときは，solve による解は複雑な式になる場合があります (**49** ↳ p.69)．そのようなときは realroots を利用して実数解の近似値を求めます (**50** ↳ p.72)．

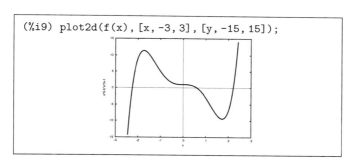

このグラフを増減表をもとにして自分で描画するには，$f'(x), f''(x)$ の符号を調べる必要があります．その符号は，$f'(x), f''(x)$ のグラフからわかります．以下では，$f'(x)$ と $f''(x)$ のグラフを同時に描画しています (**62** ↳ p.88)．

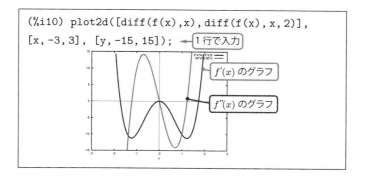

二つのグラフの x 軸との共有点の x 座標はすでに求めているので，このグラフをもとにすれば $f'(x), f''(x)$ の符号を知ることができ，増減表を完成させることができます．

75 ▶ **陰関数の導関数を求めるには**

> y が x の関数として陰関数 $f(x, y) = 0$ で表されているとき，y の x に関する導関数 $\dfrac{dy}{dx}$ を求めるには，
> ・y が x の関数であることを depends(y,x) により宣言してから，
>   diff(f(x,y)=0,x) とする.
> ・宣言を解除するには，remove(y,dependency) とする.

　y が x の関数であるという関係が，$f(x, y) = 0$ の形の陰関数で表されるとき，その陰関数の導関数 $\dfrac{dy}{dx}$ を求めるには，y が x の関数であることを depends(y,x) により宣言してから，diff により x で微分します.

　たとえば，$x^3 + 3xy + y^3 = 1$ の場合は，次のようになります.

```
(%i11) depends(y,x);
```
$$[y(x)]$$
```
(%i12) diff(x^3+3*x*y+y^3=1,x);
```
$$3y^2\left(\frac{d}{dx}y\right) + 3x\left(\frac{d}{dx}y\right) + 3y + 3x^2 = 0$$

　depends を実行して $[y(x)]$ と出力されれば，y が x の関数として認識されています. diff による結果を diff(y,x) について解けば，$\dfrac{dy}{dx}$ が求められます. 最後に，remove により宣言を解除しておきます.

```
(%i13) solve(%,diff(y,x));
```
$$\left[\frac{d}{dx}y = -\frac{y+x^2}{y^2+x}\right]$$
```
(%i14) remove(y,dependency);
```
$$\textbf{done}$$

76 関数をテイラー展開するには ★

> 関数 $f(x)$ を，$x=a$ のまわりで n 次の項までテイラー展開するには，`taylor(f(x),x,a,n)` とする．

関数 $f(x)$ の $x=a$ のまわりの**テイラー展開**は

$$f(x) = f(a) + f'(a)(x-a) + \frac{f''(a)}{2!}(x-a)^2 + \cdots + \frac{f^{(n)}(a)}{n!}(x-a)^n + \cdots$$

というべき級数で表されます．とくに，$x=0$ のまわりのテイラー展開は，**マクローリン展開**とよばれます．関数 $f(x)$ を $x=a$ のまわりで n 次の項までテイラー展開するには，`taylor(f(x),x,a,n)` とします．

たとえば，$f(x)=\sin x$ のマクローリン展開を5次の項まで求めるには，`taylor(sin(x),x,0,5)` とします．

```
(%i15) taylor(sin(x),x,0,5);
            x³   x⁵
        x - ── + ─── + ···
            6    120
```

$\sin x$ と，5 次の項までを用いた関数のグラフは次のようになります．$-\dfrac{\pi}{2} \leq x \leq \dfrac{\pi}{2}$ の範囲ではほとんど一致しているのがわかります．

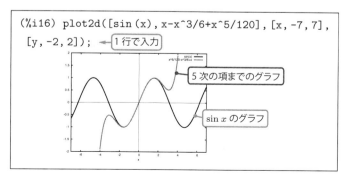

```
(%i16) plot2d([sin(x),x-x^3/6+x^5/120],[x,-7,7],
       [y,-2,2]);    ← 1行で入力
```

- 5次の項までのグラフ
- $\sin x$ のグラフ

77 ▶ 2変数関数の偏導関数を求めるには ★

関数 $f(x, y)$ の x や y に関する偏導関数 $\dfrac{\partial f}{\partial x}$, $\dfrac{\partial f}{\partial y}$ を求めるには,

それぞれ `diff(f(x, y), x)` , `diff(f(x, y), y)` とする.

導関数を求めるコマンド diff(**21** ↳ p.36) は, 2 変数以上の関数に対しても有効です. たとえば, $\tan^{-1}\dfrac{y}{x}$ の x に関する偏導関数は,

$$\frac{\partial}{\partial x}\left(\tan^{-1}\frac{y}{x}\right) = \frac{1}{1+\left(\dfrac{y}{x}\right)^2} \cdot \frac{\partial}{\partial x}\left(\frac{y}{x}\right)$$

$$= \frac{x^2}{x^2+y^2} \cdot \left(-\frac{y}{x^2}\right) = -\frac{y}{x^2+y^2}$$

となりますが, Maxima では diff(atan(y/x), x) により求められます.

```
(%i17) diff(atan(y/x),x);
```
$$-\frac{y}{x^2\left(\dfrac{y^2}{x^2}+1\right)}$$
```
(%i18) ratsimp(%);
```
$$-\frac{y}{y^2+x^2}$$

なお, ratsimp により式を簡略化しています (**46** ↳ p.63). コマンドを入れ子にすれば, x に関する偏導関数を y で偏微分することもできます.

$$\frac{\partial}{\partial y}\left(\frac{\partial}{\partial x}\left(\tan^{-1}\frac{y}{x}\right)\right) = \frac{\partial}{\partial y}\left(-\frac{y}{x^2+y^2}\right) = -\frac{x^2-y^2}{(x^2+y^2)^2}$$

```
(%i19) diff(diff(atan(y/x),x),y),ratsimp;
```
$$\frac{y^2-x^2}{y^4+2\,x^2\,y^2+x^4}$$

104　**5-2** 微分法

5-3 ◼ 積分法

78 ▶ 文字定数を含む式の不定積分を求めるには

文字定数の符号を指定するには assume を利用する．たとえば，
・$a > 0$ であることを指定するには，assume(a>0) とする．
・確認するには facts(a)，解除するには forget(a>0) とする．

積分については，**22**(↳ p.37) を参照してください．不定積分の計算では，符号の違いで結果が大きく異なる場合があります．たとえば，$\displaystyle\int \frac{1}{x^2 + A}\, dx$ を考えると，$A > 0$ の場合は $A = a^2 \ (a > 0)$ の形に表せるので，

$$\int \frac{1}{x^2 + A}\, dx = \int \frac{1}{x^2 + a^2}\, dx = \frac{1}{a}\tan^{-1}\frac{x}{a} + C$$

となりますが★，$A < 0$ のときは $A = -a^2 \ (a > 0)$ の形であるので，

$$\int \frac{1}{x^2 + A}\, dx = \int \frac{1}{x^2 - a^2}\, dx = \frac{1}{2a}\log\left|\frac{x - a}{x + a}\right| + C$$

となります．A の符号が不明のまま積分すると，次のように表示されます．

```
(%i1) integrate(1/(x^2+A),x);
              Is A positive or negative?
```

A の符号が正のときは pos を，負のときは neg を打ち込みます．ゼロであるかどうかを問われるときもあり，ゼロのときは zero を打ち込みます．$A > 0$ の場合は，$A = (\sqrt{A})^2$ であるので次のようになります．

```
(%i1) integrate(1/(x^2+A),x);
              Is A positive or negative?
pos;  ◀─ 入力エリアから入力する
                  arctan (x/√A)
                  ─────────────
                       √A
```

78 文字定数を含む式の不定積分を求めるには   105

最初から A の符号を指定するには assume を利用します．たとえば，$A > 0$ と指定するには，assume(A>0) とします．

```
(%i2) assume(A>0);
                        [A > 0]
(%i3) integrate(1/(x^2+A),x);
```
$$\frac{\arctan\left(\frac{x}{\sqrt{A}}\right)}{\sqrt{A}}$$

この場合は，$A > 0$ であることを (%i2) で指定したので，符号を問いかけられることなしに $A > 0$ の場合の結果が出力されます．不等号は，>のほかに，<, >=, <=を利用することができます（>=, <=は $\geqq$, $\leqq$ を表します）．

指定した内容は，facts により確認することができます．

```
(%i4) facts(A);
                        [A > 0]
```

指定した内容を解除するには forget を利用します．

```
(%i5) forget(A>0);
                        [A > 0]
(%i6) facts(A);
                          []
```

指定を解除した後に facts により確認すると，[] のみが出力されます．[] 内に何も表記がなければ，指定が解除されています．

79　不定積分の置換積分を行うには

不定積分 $\int f(x)\,dx$ で $x = g(t)$, $t = g^{-1}(x)$ と置換するとき,
・**t に関する積分の式** $\int f(g(t))g'(t)\,dt$ **を表示する**には

$\boxed{\texttt{changevar('integrate(f(x),x), x=g(t),t,x)}}$ とする.

・**t に関する積分を実行する**には,直後に $\boxed{\texttt{\%,nouns}}$ とする.

・**x の式に戻す**には,その直後で $\boxed{\texttt{\%,t:g}^{-1}\texttt{(x)}}$ とする.

不定積分 $\int f(x)\,dx$ において,$x = g(t)$ とおく置換積分を行うと,

$$\int f(x)\,dx = \int f(g(t))g'(t)\,dt$$

となります.この置換積分の計算を行うには,`changevar` を利用して
`changevar('integrate(f(x),x), x=g(t),t,x)` とします.

たとえば,$\int x(2x+1)^3\,dx$ は,$2x+1 = t$ とおくと $x = \dfrac{t-1}{2}$ である

ことから,$dx = \dfrac{1}{2}dt$ です.したがって,t に関する積分は,

$$\int x(2x+1)^3\,dx = \int \frac{t-1}{2}\cdot t^3\cdot\frac{1}{2}dt = \frac{1}{4}\int (t^4 - t^3)\,dt$$

$$= \frac{1}{4}\left(\frac{t^5}{5} - \frac{t^4}{4}\right) + C$$

となります.この計算は,`changevar` を利用すると次のようになります.
最初に,被積分関数 $x(2x+1)^3$ を ft に割り当てています.

```
(%i7) ft:x*(2*x+1)^3$
(%i8) changevar('integrate(ft,x),2*x+1=t,t,x);
```
$$\frac{\int t^4 - t^3\,dt}{4}$$

79　不定積分の置換積分を行うには　107

'integrate とすると積分の計算が抑制されて，単に変数を変換しただけの式が表示されます．2番目の引数は x, t の関係式を指定するだけでよく，必ずしも $x = g(t)$ の形である必要はありません．

この t に関する積分を実行するには，直後で %, nouns とします．

(%i9) %, nouns;
$$\frac{\dfrac{t^5}{5} - \dfrac{t^4}{4}}{4}$$

---

x の式に戻すには，t に $2x+1$ を割り当てます (**10** ↳ p.23).

(%i10) %, t:2*x+1;
$$\frac{\dfrac{(2x+1)^5}{5} - \dfrac{(2x+1)^4}{4}}{4}$$
(%i11) expand(%);
$$\frac{8x^5}{5} + 3x^4 + 2x^3 + \frac{x^2}{2} - \frac{1}{80}$$

積分の結果だけを知りたいときは，直接 integrate を実行します．

(%i12) integrate(ft, x);
$$\frac{16x^5 + 30x^4 + 20x^3 + 5x^2}{10}$$

---

integrate による不定積分では，積分定数 C は表示されません．(%o12) を (%o11) と見比べると，(%o12) には定数項の $-\dfrac{1}{80}$ がありません．Maxima に限らず，不定積分の計算では，計算方法の違いにより定数部分の違いが生じることがあるので注意してください．

置換積分の計算を (%i7)〜(%i11) のような形で行うと，置換積分の個々の計算過程を確認しながら計算することができます．

なお，(%i8) を「'」をつけないで実行すると，直接 (%o12) が表示されます．

108　**5-3**　積分法

80 ▶ 有理式の不定積分を求めるには

> **有理式の不定積分** $\displaystyle\int \frac{f(x)}{g(x)}\,dx$ **を求める**には,
>
> ・ $\boxed{\texttt{integrate(f(x)/g(x), x)}}$ とする.
>
> ・ または, $\boxed{\texttt{partfrac(f(x)/g(x), x)}}$ により部分分数に分解して,
>
> 分解された式を $\boxed{\texttt{integrate}}$ により積分する.

$f(x), g(x)$ を多項式とするとき,有理式 $\dfrac{f(x)}{g(x)}$ の不定積分を求めるには,

`integrate(f(x)/g(x), x)` とします (**22** ↳ p.37).

　たとえば,$f(x) = x^3, g(x) = x^2 - x - 2$ の場合は次のようになります.

```
(%i13) integrate(x^3/(x^2-x-2),x);
```
$$\frac{\log(x+1)}{3} + \frac{x^2 + 2\,x}{2} + \frac{8\log(x-2)}{3}$$

この結果が正しいことを確認するために,微分してみましょう.

```
(%i14) diff(%,x);
```
$$\frac{1}{3\,(x+1)} + \frac{2\,x+2}{2} + \frac{8}{3\,(x-2)}$$
```
(%i15) ratsimp(%);
```
$$\frac{x^3}{x^2 - x - 2}$$

　微分して `ratsimp` により通分するともとの式に戻るので (**46** ↳ p.63),
正しく積分されたことがわかります.

　この積分結果がどのようにして得られたかを理解するには,有理式の積
分を求める手順について知っている必要があります.有理式の積分は,次
の三つの手順を踏んで計算されます.

80 ▶ 有理式の不定積分を求めるには　　109

(1) 必要であれば割り算を行って，分子の次数を下げる.

(2) 分母を因数分解して部分分数に分解する.

(3) 分解された式に対して，不定積分を計算する.

有理式 $x^3/(x^2-x-2)$ は，分子の次数が分母よりも大きいので，divide を利用して分子を分母で割って商と余りを求めます (**31** ↳ p.47).

```
(%i16) divide(x^3,x^2-x-2);
                    [x + 1, 3 x + 2]
```

商が $x+1$，余りが $3x+2$ なので，与えられた有理式は

$$\frac{x^3}{x^2-x-2} = x+1 + \frac{3\,x+2}{x^2-x-2}$$

と表すことができます．次に，上式の最後の項の分母を因数分解して部分分数に分解します．この操作は，partfrac により行います (**47** ↳ p.65).

```
(%i17) partfrac((3*x+2)/(x^2-x-2),x);
                    1          8
                --------- + ---------
                3(x + 1)    3(x - 2)
```

したがって，与えられた有理式は次のような部分分数に分解されます.

$$\frac{x^3}{x^2-x-2} = x+1 + \frac{1}{3(x+1)} + \frac{8}{3(x-2)}$$

実際には，商と余りを求めなくても，partfrac だけでこの結果が得られます．分解された式を積分すれば，求める結果が得られます.

```
(%i18) partfrac(x^3/(x^2-x-2),x);
               1               8
           --------- + x + --------- + 1
           3 (x + 1)       3 (x - 2)
(%i19) integrate(%,x);
           log(x + 1)    x²      8 log(x - 2)
           ---------- + ---- + x + ------------
               3         2              3
```

110 **5-3** 積分法

81 ▶ 不定積分を求められない関数の定積分は ★

> 関数 $f(x)$ の不定積分を求められないとき，その定積分の値を求める
> には，$\boxed{\text{romberg(f(x),x,a,b)}}$ として数値積分を行う．

　一般に，大学初年次までに学ぶ関数を**初等関数**といいます．関数の不定
積分を初等関数で表すことができないときは，定積分の定義

$$\int_a^b f(x)\,dx = \lim_{n \to \infty} \sum_{k=1}^n f(x_k)\Delta x_k$$

に基づいて数値的に計算するしかありません．右辺の近似値を求める方法
として，台形公式やシンプソンの公式などがよく知られています．そのよ
うにして定積分の値を求めることを**数値積分**といいます．数値積分により
値を求めるには，integrate ではなく romberg を利用します．

　たとえば，$\displaystyle\int_0^1 e^{-x^2}\,dx$ の値を求めるには，次のようにします．

```
(%i20) romberg(exp(-x^2),x,0,1);
              0.7468241699098985
```

関数 e^{-x^2} の不定積分を integrate で求めると，

```
(%i21) integrate(exp(-x^2),x);
              √π erf (x)
              ─────────
                  2
```

と表示されます．erf(x) は**誤差関数**とよばれています．この関数は

$$\mathrm{erf}\,(x) = \frac{2}{\sqrt{\pi}} \int_0^x e^{-t^2}\,dt$$

により定義される関数です．右辺の積分は初等関数の範囲で表すことがで
きないので，積分を含む形で定義されています．

81 ▶ 不定積分を求められない関数の定積分は ★　111

82 曲線で囲まれた図形の面積を求めるには

二つの曲線 $y=f(x), y=g(x)$ で囲まれた図形の面積を求めるには，最初に共有点の x 座標 a, b を求める．つねに $f(x) \geqq g(x)$ のときは，`integrate(f(x)-g(x),x,a,b)`，または `romberg` を利用する．

二つの曲線の共有点の x 座標が solve で求められないときは，グラフを描いて共有点のある区間を確認します．たとえば，$y = e^x$ と $y = x+2$ のグラフを描画すると，共有点は区間 $(-2, -1), (1, 2)$ の中にあります．

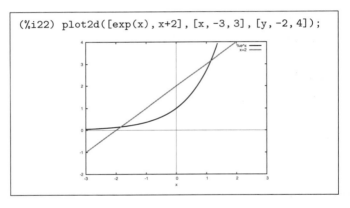

```
(%i22) plot2d([exp(x),x+2],[x,-3,3],[y,-2,4]);
```

この共有点の座標は solve では求められません．そこで，共有点の近似解を `find_root`(**51** ↳ p.73) を利用して求めて a, b に割り当てて (**10** ↳ p.23)，$\int_a^b (x+2-e^x)\,dx$ を計算します．a, b を find_root で求めた場合は，integrate ではなく romberg を利用して数値積分により求めます．

```
(%i23) a:find_root(exp(x)=x+2,x,-2,-1)$
(%i24) b:find_root(exp(x)=x+2,x,1,2)$
(%i25) romberg(x+2-exp(x),x,a,b);
                1.94909091351579
```

83   **広義積分の計算をするには** ★

> 関数 $f(x)$ が $x = a, b$ で**定義されないときや**，a, b が $-\infty$ や ∞ **のと**
> **き**も積分 $\displaystyle\int_a^b f(x)\, dx$ の値を定義できるときは，その値を
>
> $\boxed{\texttt{ldefint(f(x),x,a,b)}}$ により求めることができる．

　関数 $f(x)$ が $x = a, b$ で定義されないときや，a, b が $-\infty$ や ∞ の場合
の積分 $\displaystyle\int_a^b f(x)\, dx$ を**広義積分**といいます．たとえば，$\displaystyle\int_0^1 \frac{1}{\sqrt{1-x}}\, dx$ の被
積分関数は $x = 1$ では定義されないので，これは広義積分です．

　この積分は次の式で定義されます．

$$\int_0^1 \frac{1}{\sqrt{1-x}}\, dx = \lim_{c \to +0} \int_0^{1-c} \frac{1}{\sqrt{1-x}}\, dx \qquad \cdots\cdots ①$$

この広義積分の値は，ldefint を利用すると求めることができます．

```
(%i26) ldefint(1/sqrt(1-x),x,0,1);
                    2
```

① の右辺の極限値を計算して，この値になることを確かめてみましょう．
最初に $f(x)$ を定義して（**19** ↳ p.33），不定積分を求めます．

```
(%i27) f(x):=1/sqrt(1-x)$
(%i28) integrate(f(x),x);
                 -2√(1-x)
```

次に，この関数の $[0, 1-c]$ における定積分の値を求めます．

```
(%i29) integrate(f(x),x,0,1-c);
          Is c - 1 positive, negative or zero?
```

83   広義積分の計算をするには ★   113

$\left[-2\sqrt{1-x}\right]_0^{1-c}$ を計算するときに，$1-c$ の符号の確認を求められます．$1-c>0$ から $c-1<0$ なので，入力エリアをタップして neg を入力します．

```
(%i39) integrate(f(x), x, 0, 1-c);
            Is c - 1 positive, negative or zero?
neg;   ← 入力エリアから入力する
            Is c positive, negative or zero?
```

$\left[-2\sqrt{1-x}\right]_0^{1-c}=-2\sqrt{c}+2$ となるので，今度は c の符号の確認を求められます．pos を入力して，(%i40) により $c\to+0$ のときの極限値を求めます．なお，$c\to+0$ は $c>0$ の値をとりながら 0 に近づくことを示します (**73** ↳ p.99).

```
(%i39) integrate(f(x), x, 0, 1-c);
            Is c - 1 positive, negative or zero?
neg;
            Is c positive, negative or zero?
pos;   ← 入力エリアから入力する
                    2 - 2√c
(%i40) limit(%, c, 0, plus);
                    2
```

(%i40) の極限値が存在しないときもあります．たとえば $\displaystyle\int_0^1 \frac{1}{x}\,dx$ の場合は，

$$\int_0^1 \frac{1}{x}\,dx = \lim_{c\to+0}\int_c^1 \frac{1}{x}\,dx = \lim_{c\to+0}\left[\log x\right]_c^1 = \lim_{c\to+0}(-\log c) = \infty$$

となります．この広義積分を求めようとして ldefint(1/x, x, 0, 1) とすると，(%o41) のように極限値を用いた式で結果が出力されます．$\displaystyle\lim_{x\to 0}\log|x| =$

114　**5-3** 積分法

$-\infty$ であるので，(%o41) は正しい結果を返しています.

このように，`ldefint` は，広義積分の定義に基づいて極限値を計算し，値が求められないときは，その極限値の式を返します.

```
(%i41) ldefint(1/x, x, 0, 1);
            − lim log |x|
              x→0
```

84 ▶ 累次積分の計算をするには ★

積分領域 D における 2 重積分 $\displaystyle\iint_D F(x,y)\,dxdy$ が，累次積分により

$$\int_a^b \left(\int_{f(x)}^{g(x)} F(x,y)\,dy \right) dx \quad \text{または} \quad \int_c^d \left(\int_{f(y)}^{g(y)} F(x,y)\,dx \right) dy$$

と表されるときは，`integrate` を利用して計算することができる.

2 重積分 $\displaystyle\iint_D F(x,y)\,dxdy$ の値は，これを累次積分により

$$\int_a^b \left(\int_{f(x)}^{g(x)} F(x,y)\,dy \right) dx \quad \text{または} \quad \int_c^d \left(\int_{f(y)}^{g(y)} F(x,y)\,dx \right) dy$$

の形に直して計算します．積分を 2 回繰り返すだけなので，`integrate` による計算することができます.

たとえば，積分領域 D が

$$D = \{(x,y)|0 \leqq x \leqq 1, x^2 \leqq y \leqq x\}$$

のとき，2 重積分 $\displaystyle\iint_D (x + 2y)dxdy$ の値は次のような異次積分により計算されます.

$$\iint_D (x+2y)dxdy = \int_0^1 \left(\int_{x^2}^x (x+2y)dy \right) dx$$

$$= \int_0^1 \left[xy + y^2 \right]_{x^2}^x dx$$

$$= \int_0^1 \left(2x^2 - x^3 - x^4 \right) dx$$

$$= \left[\frac{2}{3}x^3 - \frac{1}{4}x^4 - \frac{1}{5}x^5 \right]_0^1$$

$$= \frac{2}{3} - \frac{1}{4} - \frac{1}{5} = \frac{13}{60}$$

この計算は，integrate を入れ子にすると，次のように計算されます.

```
(%i42) integrate(integrate(x+2*y, y, x^2, x), x, 0, 1);
```
$$\frac{13}{60}$$

また，累次積分の個々の積分を確認しながら計算すると，次のようになります.

```
(%i43) integrate(x+2*y, y);
```
$$y^2 + x\,y \quad \longleftarrow \boxed{\text{不定積分を確認}}$$

```
(%i44) integrate(x+2*y, y, x^2, x);
```
$$-x^4 - x^3 + 2\,x^2 \quad \longleftarrow \boxed{\text{内側の定積分を計算}}$$

```
(%i45) integrate(%, x, 0, 1);
```
$$\frac{13}{60}$$

Chapter
6

ベクトルと行列

▶ ベクトルや行列では，多数の数の組を一つにまとめて考えます．その中では，和・差の計算やスカラー倍の計算をすることができます．線形代数では，このような計算ができる集合の中に成り立つ一般的な性質について考えます．この章では，ベクトルや行列に関するコマンドについて解説します．

6-1 ■ ベクトル

85 ▶ ベクトルを定義するには

・**空間ベクトル**は，$\boxed{\text{u:[a,b,c]}}$ などとリストで定義する．
・**列ベクトルにする**には，$\boxed{\text{transpose(u)}}$ とする．
・**定義したベクトルを削除**するには，$\boxed{\text{kill(u)}}$ とする．

空間ベクトル $u = (a, b, c)$ は，リストを用いて u:[a, b, c] と定義します．各成分は u[k] により参照でき，列ベクトルに変換するには transpose(u) とします（**92 ↳** p.124）．平面ベクトルも同様に，行ベクトルで定義します．

```
(%i1) u:[a,b,c];
                    [a, b, c]
(%i2) u[1]+u[2]+u[3];
                    c + b + a
(%i3) transpose(u);
                    ⎡a⎤
                    ⎢b⎥
                    ⎣c⎦
```

85 ベクトルを定義するには   117

86 ベクトルの演算を行うには

二つのベクトル u, v に対して,
・**和**は $\boxed{\texttt{u+v}}$, **差**は $\boxed{\texttt{u-v}}$, **スカラー c との積**は $\boxed{\texttt{c*u}}$ とする.
・u, v の**内積** $u \cdot v$ は,「.」(半角ピリオド)を用いて $\boxed{\texttt{u.v}}$ とする.
・**ベクトル u の大きさ** $|u|$ は, $\boxed{\texttt{sqrt(u.u)}}$ により計算できる.

　ベクトルでは,和・差やスカラー倍,内積の計算ができます.u, v をベクトル,c をスカラー(実数または複素数)とするとき,和・差は u±v,スカラー倍は c*u,そして内積は u.v とします.ベクトルの大きさ $|u|$ は,$|u|^2 = u \cdot u$ であることから,$|u| = \sqrt{u \cdot u}$ により計算できます.

　以下の例では,u は u:[a,b,c] として定義済みとし,v を v:[2,3,4] として定義すると,和 $u + 2v$ は次のようになります.

```
(%i4) v:[2,3,4]$
(%i5) u+2*v;
```
$$[a + 4,\, b + 6,\, c + 8]$$

u, v の内積や u の大きさは,次のようになります.

```
(%i6) u.v;
```
$$4c + 3b + 2a$$
```
(%i7) sqrt(u.u);
```
$$\sqrt{c^2 + b^2 + a^2}$$

v と同じ向きの単位ベクトルは,$\dfrac{v}{|v|}$ により求められます.

```
(%i8) v/sqrt(v.v);
```
$$\left[\frac{2}{\sqrt{29}},\, \frac{3}{\sqrt{29}},\, \frac{4}{\sqrt{29}} \right]$$

87 ▶ 二つのベクトルのなす角を求めるには

二つのベクトル u, v のなす角を求めるには，
```
u.v/(sqrt(u.u)*sqrt(v.v))
```
とする．

ベクトル u, v のなす角を θ $(0 \leqq \theta \leqq \pi)$ とすると，内積の定義により，

$$u \cdot v = |u||v|\cos\theta \quad \text{したがって} \quad \cos\theta = \frac{u \cdot v}{|u||v|}$$

とすることで，θ の余弦の値が求められます．

ベクトル $u = (1, 1, 2)$, $v = (-1, 2, 1)$ では，次のように求められます．

```
(%i9) u:[1,1,2]$
(%i10) v:[-1,2,1]$
(%i11) u.v/(sqrt(u.u)*sqrt(v.v));
                        1
                        ─
                        2
(%i12) acos(%);
                        π
                        ─
                        3
```

(%i12) の acos は余弦関数の逆関数 ★ であり，コサインの値が $\dfrac{1}{2}$ となるような角 θ $(0 \leqq \theta \leqq \pi)$ を表します．角の大きさは弧度法で表示されるので，度数法に直すには $\dfrac{180}{\pi}$ を掛けます．下記の例では，約 $10.9°$ となります．

```
(%i13) v:[1,2,3]$  ◀── vの成分を変更した
(%i14) acos(u.v/(sqrt(u.u)/sqrt(v.v))), numer;
              0.1901256033464654
(%i15) %*180/%pi, numer;  ◀── numer で小数表示
              10.89339464913083
```

87 ▶ 二つのベクトルのなす角を求めるには　119

6-2 ■ 行列 ★

88 ▶ 行列を定義するには ★

> ・**行列 A を定義する**には，$\boxed{\text{matrix}}$ を利用して，たとえば，
> $\boxed{\text{A:matrix([a,b,c],[d,e,f])}}$ とする．
> ・**定義した行列を削除する**には，$\boxed{\text{kill(A)}}$ とする．

行列 $A = \begin{pmatrix} a & b & c \\ d & e & f \end{pmatrix}$ を定義するには，matrix というコマンドを利用して，A:matrix([a,b,c],[d,e,f]) とします．削除するには，kill(A) とします．

```
(%i1) A:matrix([1,2,3],[4,5,6]);
                    ⎛ 1  2  3 ⎞
                    ⎝ 4  5  6 ⎠
(%i2) kill(A);
                        done
```

各行を u, v として定義すると，次のようになります．各行がたとえば u:[a,b,c], v:[d,e,f] として定義済みのときは，A:matrix(u,v) として行列を定義することもできます．

```
(%i3) u:[1,2,3]$
(%i4) v:[4,5,6]$
(%i5) A:matrix(u,v);
                    ⎛ 1  2  3 ⎞
                    ⎝ 4  5  6 ⎠
(%i6) kill(A,u,v);
                        done
```

89 ▶ 行列の計算をするには ★

> 同じ型の行列 A, B に対して,
> ・**和**は A+B , **差**は A-B , **スカラー c との積**は c*A とする.
> ・**積**は,「.」(半角ピリオド)を利用して A.B とする.

$A = \begin{pmatrix} a & b \\ c & d \end{pmatrix}, B = \begin{pmatrix} p & q \\ r & s \end{pmatrix}$ のときは,次のようになります.

```
(%i7) A:matrix([a,b],[c,d])$
(%i8) B:matrix([p,q],[r,s])$
(%i9) A+B;
```
$$\begin{pmatrix} p+a & q+b \\ r+c & s+d \end{pmatrix}$$
```
(%i10) c*A;
```
$$\begin{pmatrix} a\,c & b\,c \\ c\,c & d\,c \end{pmatrix}$$

行列の積は,∗ ではなく「.」(半角ピリオド)を使います. A*B とすると,対応する成分どうしの積が返されます.

```
(%i11) A.B;
```
$$\begin{pmatrix} b\,r+a\,p & b\,s+a\,q \\ d\,r+c\,p & d\,s+c\,q \end{pmatrix}$$
```
(%i12) A*B;
```
$$\begin{pmatrix} a\,p & b\,q \\ c\,r & d\,s \end{pmatrix}$$

90 ▶ 行列とベクトルの積を計算するには ★

> **行列 A とベクトル X との積**を計算するには，$\boxed{\text{A.X}}$ とする.

$A = \begin{pmatrix} a & b \\ c & d \end{pmatrix}, X = (x, y)$ のとき，A と X の積は次のように計算します.

```
(%i13) A:matrix([a, b], [c, d])$
(%i14) X:[x, y]$
(%i15) A.X;
```
$$\begin{pmatrix} b\,y + a\,x \\ d\,y + c\,x \end{pmatrix}$$

リストで表されるベクトルは，行列との積では列ベクトルとして

$$\begin{pmatrix} a & b \\ c & d \end{pmatrix} \begin{pmatrix} x \\ y \end{pmatrix} = \begin{pmatrix} ax + by \\ cx + dy \end{pmatrix}$$

のように扱われ，結果は列ベクトルで表示されます.

X を transpose により転置して列ベクトルとしても同じ結果になります (**92** ↪ p.124). あるいは，X:matrix([x],[y]) により定義しても同様です.

```
(%i16) Y:transpose(X);
```
$$\begin{bmatrix} x \\ y \end{bmatrix}$$
```
(%i17) A.Y;
```
$$\begin{pmatrix} b\,y + a\,x \\ d\,y + c\,x \end{pmatrix}$$
```
(%i18) kill(X, Y)   ← X,Yの割り当てを解除した
```

91 行列のべき乗の計算をするには *

正方行列 A の n 乗 A^n を計算するには，$\boxed{\text{A\^{}\^{}n}}$ とする.

たとえば，正方行列 A を $A = \begin{pmatrix} a & b \\ c & d \end{pmatrix}$ とするとき，A^2 は次のように
なります. なお，A は (%i13) で定義済みとします.

$$A^2 = \begin{pmatrix} a & b \\ c & d \end{pmatrix}\begin{pmatrix} a & b \\ c & d \end{pmatrix} = \begin{pmatrix} a^2 + bc & ab + bd \\ ac + cd & bc + d^2 \end{pmatrix}$$

```
(%i19) A^^2;
```
$$\begin{pmatrix} bc + a^2 & bd + ab \\ cd + ac & d^2 + bc \end{pmatrix}$$

A と A の積を計算することでも，同じ結果が得られます (**90** ↪ p.122).

```
(%i20) A.A;
```
$$\begin{pmatrix} bc + a^2 & bd + ab \\ cd + ac & d^2 + bc \end{pmatrix}$$

指数を -1 にすると，形式的に逆行列が計算されます (**93** ↪ p.125). こ
のとき，正則であるかどうか（逆行列が存在するかどうか）のチェックは
行われないので注意してください.

```
(%i21) A^^(-1);
```
$$\begin{pmatrix} \dfrac{d}{ad - bc} & -\dfrac{b}{ad - bc} \\ -\dfrac{c}{ad - bc} & \dfrac{a}{ad - bc} \end{pmatrix}$$

91 行列のべき乗の計算をするには * 123

92 ▶ 行列の転置行列を求めるには ★

行列 A の転置行列 ^tA を求めるには，$\boxed{\texttt{transpose(A)}}$ とする．

行列 A の行と列を入れ替えた転置行列 ^tA は，transpose(A) により求められます．

たとえば，$A = \begin{pmatrix} a & b & c \\ d & e & f \end{pmatrix}$ のとき，$^tA = \begin{pmatrix} a & d \\ b & e \\ c & f \end{pmatrix}$ となります．

```
(%i22) A:matrix([a,b,c],[d,e,f])$
(%i23) transpose(A);
```
$$\begin{pmatrix} a & d \\ b & e \\ c & f \end{pmatrix}$$

行列の積の転置行列には，$^t(AB) = {}^tB\,{}^tA$ という性質があります．

たとえば，$B = \begin{pmatrix} 1 & 2 \\ 3 & 4 \\ 5 & 6 \end{pmatrix}$ として確かめると，次のようになります．

```
(%i24) B:matrix([1,2],[3,4],[5,6])$
(%i25) transpose(A.B);
```
$$\begin{pmatrix} 5\,c + 3\,b + a & 5\,f + 3\,e + d \\ 6\,c + 4\,b + 2\,a & 6\,f + 4\,e + 2\,d \end{pmatrix}$$
```
(%i26) transpose(B).transpose(A);
```
$$\begin{pmatrix} 5\,c + 3\,b + a & 5\,f + 3\,e + d \\ 6\,c + 4\,b + 2\,a & 6\,f + 4\,e + 2\,d \end{pmatrix}$$

93 **行列の逆行列を求めるには** ★

正方行列 A の逆行列 A^{-1} を求めるには，$\boxed{\texttt{invert(A)}}$ とする．

正方行列 A の逆行列 A^{-1} が存在するとき，その逆行列は `invert(A)`，または `A^^(-1)` により求められます（**91** ↳ p.123）．

たとえば，$A = \begin{pmatrix} a & b \\ c & d \end{pmatrix}$ の逆行列は $ad - bc \neq 0$ のときに存在して，

$A^{-1} = \dfrac{1}{ad - bc} \begin{pmatrix} d & -b \\ -c & a \end{pmatrix}$ となります．

ただし，`invert(A)` や `A^^(-1)` による計算は，逆行列を形式的に計算して，存在すればどのような式になるかを示すだけなので注意してください．

```
(%i27) A:matrix([a,b],[c,d])$
(%i28) invert(A);
```
$$\begin{pmatrix} \dfrac{d}{ad-bc} & -\dfrac{b}{ad-bc} \\ -\dfrac{c}{ad-bc} & \dfrac{a}{ad-bc} \end{pmatrix}$$

逆行列は，$AA^{-1} = A^{-1}A = E$（単位行列）を満たします．実際に確かめると，次のようになります．

```
(%i29) A.invert(A);
```
$$\begin{pmatrix} 1 & 0 \\ 0 & 1 \end{pmatrix}$$
```
(%i30) invert(A).A;
```
$$\begin{pmatrix} 1 & 0 \\ 0 & 1 \end{pmatrix}$$

94 ▶ 行列を階段行列に変形するには ★

行列 A に行に関する基本変形を行って，**対角成分が 1 の上三角行列にする**には，echelon(A) とする．

行列の行に関する基本変形を行って階段行列に変形するとき，対角成分が 1 の階段行列は echelon により求めることができます．

```
(%i31) A:matrix([1,2,3],[4,5,6],[7,8,9]);
                    ⎛1  2  3⎞
                    ⎜4  5  6⎟
                    ⎝7  8  9⎠
(%i32) echelon(A);
                    ⎛1  2  3⎞
                    ⎜0  1  2⎟
                    ⎝0  0  0⎠
```

95 ▶ 行列の階数を求めるには ★

行列 A の階数を求めるには，rank(A) とする．

行列 A に行に関する基本変形を行って階段行列に変形するとき，行が零ベクトルではない行の数を，その行列の**階数**といいます．行列の階数を求めるには，rank(A) とします．(%i31) で定義した行列の階数は 2 です．

```
(%i33) rank(A);
                         2
```

96 行列の行に関する基本変形を行うには ★

> **行列 A に対して行に関する基本変形を行う**には，`B:copymatrix(A)`
> により A の複製行列を作って，複製された行列 B を変形する．
> ・**i 行目を k 倍する**には，`B[i]:k*B[i]` とする．
> ・**i 行目の k 倍を j 行目に加える**には `B[j]:k*B[i]+B[j]` とする．
> ・**i 行目と j 行目を交換する**には，`C:B[i]` としてから `B[i]:B[j]` と
> し，最後に `B[j]:C` とする．

(1) 与えられた行列の複製行列を作る.

もとの行列を残すため，その複製行列を作って複製行列のほうを変形します．行列 A の複製行列を B とするには，`B:copymatrix(A)` とします.

```
(%i34) A:matrix([1,2,3],[4,5,6],[7,8,9])$
(%i35) B:copymatrix(A);
                    ⎛1  2  3⎞
                    ⎜4  5  6⎟
                    ⎝7  8  9⎠
```

(2) i 行目を k 倍する.

行列 B の i 行目は，`B[i]` により取り出すことができます．したがって，たとえば 2 行目を 3 倍するには，`B[2]:3*B[2]` とします.

```
(%i36) B[2]:3*B[2];
                   [12, 15, 18]
(%i37) B;
                  ⎛1    2    3 ⎞
                  ⎜12   15   18⎟
                  ⎝7    8    9 ⎠
```

96 行列の行に関する基本変形を行うには ★ 127

(3) i 行目の k 倍を j 行目に加える.

たとえば，(%o37) の行列 B に対して，1 行目の -6 倍を 2 行目に加えるには，B[2]:-6*B[1]+B[2] とします.

```
(%i38) B[2]:-6*B[1]+B[2];
                        [6, 3, 0]
(%i39) B;
                        ⎛1  2  3⎞
                        ⎜6  3  0⎟
                        ⎝7  8  9⎠
```

(4) i 行目と j 行目を交換する.

行と行の交換を行うには，一つの行をいったん待避させる必要があります．たとえば，1 行目と 3 行目を交換するには，C:B[1] として 1 行目を C に待避させておいてから，B[1]:B[3] により 1 行目を 3 行目と同じにします．そして，B[3]:C により 3 行目に 1 行目の内容を移します．これにより 1 行目と 3 行目が交換されます．以下では，(%o39) の行列 B の 1 行目と 3 行目を交換しています.

```
(%i40) C:B[1];
                        [1, 2, 3]
(%i41) B[1]:B[3];
                        [7, 8, 9]
(%i42) B[3]:C;
                        [1, 2, 3]
(%i43) B;
                        ⎛7  8  9⎞
                        ⎜6  3  0⎟
                        ⎝1  2  3⎠
```

note B を，copymatrix(A) でなく B:A により割り当てると，B を変形したときに A も同時に変形されます.

128　**6-2** 行列★

97 行に関する基本変形を行うコマンドを作るには ★

[note] この項目は，プログラムに慣れていない方は飛ばしてください．

行列の計算では，行に関する基本変形の計算が頻出します．そのたびに **96**(↳ p.127) のような計算をするのは煩わしいので，基本変形を行うコマンドを block 関数を利用して作ってしまいましょう (**61** ↳ p.85)．

まず，行列 A を以下のように定義します．

```
(%i44) A:matrix([a, b, c], [d, e, f], [g, h, i])$
```

以下の block 内では行列 A の複製行列 B を B:copymatrix(A) より作成し，B に対して基本変形した結果を返しています．これにより，もとの行列 A は影響を受けません．

(1) 一つの行を k 倍する．

行列 A の i 行目を k 倍するコマンドを multirow とするとき，それを block([B], B:copymatrix(A), B[i]:k*B[i], B) により定義します．

```
(%i45) multirow(A,i,k):=block([B],
  B:copymatrix(A), B[i]:k*B[i], B)$   ← 1行で入力
(%i46) multirow(A,2,3);   ← 2行目を3倍する
```
$$\begin{pmatrix} a & b & c \\ 3d & 3e & 3f \\ g & h & i \end{pmatrix}$$

(2) 一つの行を k 倍して他の行に加える．

行列 A の i 行目を k 倍して j 行目に加えるコマンドを addrow とするとき，それを block([B], B:copymatrix(A), B[j]:k*B[i]+B[j], B) により定義します．

```
(%i47) addrow(A, i, j, k):=block([B], B:copymatrix(A),
  B[j]:k*B[i]+B[j], B)$   ← 1行で入力
```

97 行に関する基本変形を行うコマンドを作るには ★   129

```
(%i48) addrow(A,2,3,4);    ← 2 行目の4 倍を3 行目に加える
```

$$\begin{pmatrix} a & b & c \\ d & e & f \\ g+4d & h+4e & i+4f \end{pmatrix}$$

(3) 二つの行を交換する.

行列 A の i 行目と j 行目を交換するコマンドを changrow とするとき,そ
れを block([B,C],B:copymatrix(A),C:B[i],B[i]:B[j],B[j]:C,B)
により定義します.

```
(%i49) changrow(A,i,j):=block([B,C],
  B:copymatrix(A),C:B[i],B[i]:B[j],B[j]:C,B)$   ← 1 行で入力
(%i50) changrow(A,1,2);   ← 1 行目と 2 行目を交換する
```

$$\begin{pmatrix} d & e & f \\ a & b & c \\ g & h & i \end{pmatrix}$$

以上では,行列 A に関して行に関する基本変形の結果が返されるだけで
す.A の複製行列 B を変形したので,行列 A 自体はそのままの形で残り
ます.

```
(%i51) A;
```

$$\begin{pmatrix} a & b & c \\ d & e & f \\ g & h & i \end{pmatrix}$$

以上で定義したコマンドを用いて行に関する基本変形を行うには,もと
の行列の複製行列を M として,M に対する変形結果をあらためて M に
割り当てる操作を繰り返します.

(%i52) の行列 A を行に関して基本変形すると，次のようになります．

$$\begin{pmatrix} 1 & 2 & 3 \\ 4 & 5 & 6 \\ 7 & 8 & 9 \end{pmatrix} \xrightarrow{-4\times①+②} \begin{pmatrix} 1 & 2 & 3 \\ 0 & -3 & -6 \\ 7 & 8 & 9 \end{pmatrix}$$

①〜③は直前の
行列の 1〜3 行目
を表す

$$\xrightarrow{-7\times①+③} \begin{pmatrix} 1 & 2 & 3 \\ 0 & -3 & -6 \\ 0 & -6 & -12 \end{pmatrix}$$

$$\xrightarrow{-2\times②+③} \begin{pmatrix} 1 & 2 & 3 \\ 0 & -3 & -6 \\ 0 & 0 & 0 \end{pmatrix} \xrightarrow{-\frac{1}{3}\times②} \begin{pmatrix} 1 & 2 & 3 \\ 0 & 1 & 2 \\ 0 & 0 & 0 \end{pmatrix}$$

(%i53)〜(%i57) では，上記の式変形を行っています．

```
(%i52) A:matrix([1,2,3],[4,5,6],[7,8,9])$
(%i53) M:copymatrix(A)$
(%i54) M:addrow(M,1,2,-4);   ← 1 行目の−4 倍を 2 行目に加える
```

$$\begin{pmatrix} 1 & 2 & 3 \\ 0 & -3 & -6 \\ 7 & 8 & 9 \end{pmatrix}$$

```
(%i55) M:addrow(M,1,3,-7);   ← 1 行目の−7 倍を 3 行目に加える
```

$$\begin{pmatrix} 1 & 2 & 3 \\ 0 & -3 & -6 \\ 0 & -6 & -12 \end{pmatrix}$$

```
(%i56) M:addrow(M,2,3,-2);   ← 2 行目の−2 倍を 3 行目に加える
```

$$\begin{pmatrix} 1 & 2 & 3 \\ 0 & -3 & -6 \\ 0 & 0 & 0 \end{pmatrix}$$

```
(%i57) M:multirow(M,2,-1/3);   ← 2 行目を−1/3 倍する
```

$$\begin{pmatrix} 1 & 2 & 3 \\ 0 & 1 & 2 \\ 0 & 0 & 0 \end{pmatrix}$$

97 ▶ 行に関する基本変形を行うコマンドを作るには ★

これらのコマンドを以後も利用するときは，セッションを保存しておき
ましょう（**4 ↳** p.14）.

98 ▶ 連立 1 次方程式の（拡大）係数行列を求めるには ★

たとえば，$ax+by=p$, $cx+dy=q$ というタイプの連立 1 次方
程式において，

・係数行列を取り出すには，

coefmatrix([a*x+b*y=p, c*x+d*y=q], [x, y]) とする.

・拡大係数行列を取り出すには，

augcoefmatrix([a*x+b*y=p, c*x+d*y=q], [x, y]) とする.

たとえば，2 元連立 1 次方程式

$$\begin{cases} ax + by = p \\ cx + dy = q \end{cases}$$

で各方程式をそれぞれ eqa, eqb とすると，係数行列は coefmatrix によ
り，拡大係数行列は augcoefmatrix により求めることができます.

```
(%i58) [eqa, eqb]:[a*x+b*y=p, c*x+d*y=q]$
(%i59) coefmatrix([eqa, eqb], [x, y]);
```
$$\begin{pmatrix} a & b \\ c & d \end{pmatrix}$$
```
(%i60) augcoefmatrix([eqa, eqb], [x, y]);
```
$$\begin{pmatrix} a & b & -p \\ c & d & -q \end{pmatrix}$$

（%o60）では，方程式の右辺を移項して $\cdots = 0$ としたときの係数で表示
されることに注意してください. これらの行列に行に関する基本変形を行
うことで，解を求めたり，列ベクトルの 1 次独立性を判定したりすること
ができます.

99 ▶ 行列式の値を求めるには ★

> **正方行列 A の行列式の値を求める**には，determinant(A) とする．

正方行列 A の行列式の値は，determinant(A) により求めることができます．たとえば，3 次行列の行列式は，次のようになります．

$$\begin{vmatrix} a & b & c \\ d & e & f \\ g & h & i \end{vmatrix} = aei + bfg + cdh - afh - bdi - ceg$$

```
(%i61) A:matrix([a, b, c], [d, e, f], [g, h, i]);
```
$$\begin{pmatrix} a & b & c \\ d & e & f \\ g & h & i \end{pmatrix}$$
```
(%i62) determinant(A);
```
$$a(ei - fh) - b(di - fg) + c(dh - eg)$$

(%o62) の式を見ると，

$$\begin{vmatrix} a & b & c \\ d & e & f \\ g & h & i \end{vmatrix} = a\begin{vmatrix} e & f \\ h & i \end{vmatrix} - b\begin{vmatrix} d & f \\ g & i \end{vmatrix} + c\begin{vmatrix} d & e \\ g & h \end{vmatrix}$$

という形になっており，行列 A を 1 行目に関して余因子展開した式になっています．ほかの次数の正方行列の行列式も同様に，1 行目に関する余因子展開を行って，行列式の次数を 2 次にまで引き下げて計算されています．

100 ▶ 余因子行列によりベクトルの外積を求めるには ★

> **空間ベクトル u, v の外積を求める**には，e=[1, 1, 1], M:matrix(e, u, v) とするとき，transpose(adjoint(M))[1] とする．

空間ベクトル $\boldsymbol{u} = (a, b, c), \boldsymbol{v} = (d, e, f)$ の外積 $\boldsymbol{u} \times \boldsymbol{v}$ は，

$$\boldsymbol{u} \times \boldsymbol{v} = \left(\begin{vmatrix} b & c \\ e & f \end{vmatrix}, -\begin{vmatrix} a & c \\ d & f \end{vmatrix}, \begin{vmatrix} a & b \\ d & e \end{vmatrix} \right)$$
$$= (bf - ce, cd - af, ae - bd)$$

です．これは，$\boldsymbol{e} = (1, 1, 1)$ とし，行列 M を M:matrix(e, u, v) とするとき，M の余因子行列 $\tilde{M}$ の 1 列目の成分で表されます．実際，次のようになります．

$$M = \begin{pmatrix} 1 & 1 & 1 \\ a & b & c \\ d & e & f \end{pmatrix} \quad \text{のとき} \quad \tilde{M} = \begin{pmatrix} bf - ce & e - f & c - b \\ cd - af & f - d & a - c \\ ae - bd & d - e & b - a \end{pmatrix}$$

正方行列 M の余因子行列 $\tilde{M}$ は adjoint(M) により求められるので，外積は $\tilde{M}$ の転置行列の 1 行目として transpose(adjoint(M))[1] により取り出すことができます（**92** ↳ p.124）.

```
(%i63) e:[1, 1, 1]$
(%i64) u:[a, b, c]$
(%i65) v:[d, e, f]$
(%i66) M:matrix(e, u, v);
```
$$\begin{pmatrix} 1 & 1 & 1 \\ a & b & c \\ d & e & f \end{pmatrix}$$
```
(%i67) w:transpose(adjoint(M))[1];
```
$$[bf - ce, cd - af, ae - bd]$$

付　録

1　■　日本語マニュアルの目次

Maxima の日本語マニュアルを表示したときの目次は，下記のとおりです．マニュアルの表示のさせ方や利用方法は，**1-6**(↳ p.38) を見てください．

Maxima 5.40.0 Manual

Maxima の基盤

1.	Introduction to Maxima	Maxima セッションの実例
2.	Bug Detection and Reporting	Maxima のバグの発見と報告
3.	Help	Maxima セッションの中でヘルプを見る
4.	Command Line	Maxima コマンドライン構文法，入出力
5.	Data Types and Structures	数，文字列，リスト，配列，構造体
6.	Expressions	Maxima における式
7.	Operators	Maxima 式の中で使われる演算子
8.	Evaluation	式の評価
9.	Simplification	式の整理
10.	Mathematical Functions	Maxima の数学的関数
11.	Maximas Database	宣言，文脈，事実，プロパティ
12.	Plotting	2 次元と 3 次元のグラフィカル出力
13.	File Input and Output	ファイル入出力

数学の特定分野のサポート

14.	Polynomials	多項式の標準形と操作関数
15.	Special Functions	特殊関数
16.	Elliptic Functions	楕円関数と楕円積分
17.	Limits	式の極限
18.	Differentiation	微分法
19.	Integration	積分法
20.	Equations	方程式の定義と解法
21.	Differential Equations	微分方程式の定義と解法
22.	Numerical	数値積分，Fourier 変換，方程式，ODE
23.	Matrices and Linear Algebra	行列演算
24.	Affine	
25.	itensor	添字テンソル操作
26.	ctensor	成分テンソル操作
27.	atensor	代数テンソル操作

135

28. Sums, Products, and Series	和，積，Tayler 級数とべき級数
29. Number Theory	数論
30. Symmetries	
31. Groups	抽象代数

上級用機能とプログラミング

32. Runtime Environment	Maxima 環境のカスタム化
33. Miscellaneous Options	Maxima でグローバル効果をもつオプション
34. Rules and Patterns	ユーザー定義のパターンマッチングと整理ルール
35. Sets	集合の操作
36. Function Definition	関数定義
37. Program Flow	Maxima プログラムの定義
38. Debugging	Maxima プログラムのデバッグ

その他のパッケージ

39. alt-display	代替の表示パッケージ
40. asympa	漸近解析パッケージ
41. augmented_lagrangian	拡張 Lagrange パッケージ
42. Bernstein	Bernstein 多項式
43. bitwise	整数のビットを操作
44. bode	Bode 線図
45. celine	シスタ Celine の方法
46. clebsch_gordan	Clebsch-Gordan and Wigner coefficients
47. cobyla	不等式制約をもつ非線形最適化
48. contrib_ode	ODE のための追加ルーチン
49. descriptive	記述統計
50. diag	Jordan 行列
51. distrib	確率分布
52. draw	Maxima-Gnuplot インターフェイス
53. drawdf	Gnuplot を使った方向場
54. dynamics	3D 可視化とアニメーション，力学系
55. engineering-format	浮動小数点を $a*10^b(b \bmod 3=0)$ として表示
56. ezunits	次元量
57. f90	Maxima から Fortran への翻訳器
58. finance	金融パッケージ
59. fractals	フラクタル

60. ggf	数列の母関数
61. graphs	グラフ理論パッケージ
62. grobner	Groebner 基底を扱う関数
63. impdiff	陰導関数
64. interpol	内挿パッケージ
65. lapack	線形代数のための LAPACK 関数
66. lbfgs	L-BFGS 無制約最小化パッケージ
67. lindstedt	Lindstedt パッケージ
68. linearalgebra	線形代数のための関数
69. lsquares	最小二乗
70. makeOrders	多項式ユーティリティ
71. minpack	最小化と根のための MINPACK 関数
72. mnewton	Newton 法
73. numericalio	ファイルの読み書き
74. operatingsystem	共通のオペレーティングシステムタスク（ディレクトリやファイルの作成／削除）
75. opsubst	代入ユーティリティ
76. orthopoly	直交多項式
77. ratpow	polynoms の係数を決定
78. romberg	数値積分の Romberg 法
79. simplex	線形計画
80. simplification	整理のルールと関数
81. solve_rec	線形漸化式
82. stats	統計的推定パッケージ
83. stirling	Stirling 公式
84. stringproc	文字列処理
85. to_poly_solve	to_poly_solve パッケージ
86. unit	単位と次元パッケージ
87. zeilberger	超幾何総和に関する関数

Maxima の出力を理解する

| 88. Error and warning messages | エラーと警告メッセージ |

訳者後書き

| A. Comments of Translator | 訳者のコメント |

索引

| B. Function and Variable Index | インデックス | （以下，略） |

1 日本語マニュアルの目次 137

2 ■ 物理定数

Maxima では，いろいろな物理定数を利用することができます．その値は科学技術データ委員会の推奨値 (2006 CODATA) が用いられており，load(physical_constants) を実行することにより利用できます．

利用できる物理定数は下記のとおりです．具体的な使い方は，**40**($\hookleftarrow$ p.58) を見てください．

物理定数	記号	定数の名称	単位
%c	c	真空中の光速度	$\mathrm{m\,s^{-1}}$
%mu_0	μ_0	真空の透磁率	$\mathrm{N\,A^{-2}}$
%e_0	ε_0	真空の誘電率	$\mathrm{F\,m^{-1}}$
%Z_0	Z_0	真空の特性インピーダンス	Ω
%G	G	Newton の重力定数	$\mathrm{m^3\,kg^{-1}\,s^{-2}}$
%h	h	Planck 定数	$\mathrm{J\,s}$
%h_bar	$\hbar$	換算 Planck 定数	$\mathrm{J\,s}$
%m_P	m_P	Planck 質量	kg
%T_P	T_P	Planck 温度	K
%l_P	l_P	Planck 長	m
%t_P	t_P	Planck 時間	s
%%e	e	電気素量	C
%Phi_0	Φ_0	磁束量子	Wb
%G_0	G_0	コンダクタンス量子	S
%K_J	K_J	Josephson 定数	$\mathrm{Hz\,V^{-1}}$
%R_K	R_K	von Klitzing 定数	Ω
%mu_B	μ_B	Bohr 磁子	$\mathrm{J\,T^{-1}}$
%mu_N	μ_N	核磁子	$\mathrm{J\,T^{-1}}$
%alpha	α	微細構造定数	
%R_inf	R_∞	Rydberg 定数	$\mathrm{m^{-1}}$
%a_0	α_0	Bohr 半径	m
%E_h	E_h	Hartree エネルギー	J
%ratio_h_me	(h/m_e)	循環量子	$\mathrm{m^2\,s^{-1}}$
%m_e	m_e	電子質量	kg
%N_A	N_A	Avogadro 数	$\mathrm{mol^{-1}}$
%m_u	μ_u	原子質量定数	kg
%F	F	Faraday 定数	$\mathrm{C\,mol^{-1}}$

%R	R	気体定数	$\mathrm{J\,mol^{-1}\,K^{-1}}$
%%k	k	Boltzmann 定数	$\mathrm{J\,K^{-1}}$
%V_m	V_m	理想気体のモル体積	$\mathrm{m^3\,mol^{-1}}$
%n_0	n_0	Loschmidt 定数	$\mathrm{m^{-3}}$
%ratio_S0_R	(S_0/R)	Sackur–Tetrode 定数	
%sigma	σ	Stefan–Boltzmann 定数	$\mathrm{W\,m^{-2}\,K^{-4}}$
%c_1	c_1	第一放射定数	$\mathrm{W\,m^2}$
%c_1L	c_{1L}	スペクトル放射強度の 第一放射定数	$\mathrm{W\,m^2\,sr^{-1}}$
%c_2	c_2	第二放射定数	$\mathrm{m\,K}$
%b	b	Wien 変位則定数	$\mathrm{m\,K}$
%b_prime	b'	Wien 変位則定数	$\mathrm{Hz\,K^{-1}}$

3 ■ wxMaxima

Maxima は Winodws や MacOS 上でも動きます．ここでは，わかりやすい数式が出力されて利用しやすい wxMaxima について概説します．

wxMaxima のファイルは，次のサイトからダウンロードすることができます．Windows 版と Mac OS 版に分かれているので，希望する版をダウンロードします．以下では，Windows 版について解説します．

[URL] http://andrejv.github.io/wxmaxima/

ダウンロードしたファイルを実行するとインストーラーが動くので，その指示に従っていけばインストールが完了します．デフォルトのままインストールすると，ファイルはルートフォルダーに保存され，スタートメニューに Maxima と wxMaxima のショートカットが登録されます．

スタートメニューから wxMaxima を起動すると初期画面が現れます．画面が真っ白ですが，画面の左上に太い横線が点滅します．その状態で，たとえば factor(a^2-b^2) と打ち込んで [Shift]+[Enter] を押すと，図 1 のような画面に変わります．

同様にして，本書で説明したコマンドをそのまま利用することができま

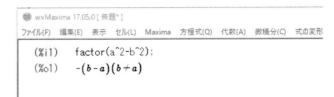

図1 WxMaxima の画面

す．MoA では ; を省略することができました．wxMaxima でも省略することができますが，計算結果は [Enter] を押すだけでは表示されません．[Shift]+[Enter] とする必要があるので気をつけてください．; は自動的に追記されます．また，出力番号 (%o1) が表示されます．

MoA では，コマンドの補完機能によりスペルをすべて入力する必要はありませんでした．wxMaxima では，表示されるメニューからいろいろなコマンドを利用します．図1の上部に表示されているメニューの個々の項目にカーソルをおいてクリックすると，その箇所に登録されている下部メニューが表示されます．

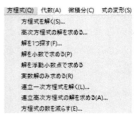
(a) [方程式 (Q)] のメニュー

(b) 方程式の入力

図2 [方程式 (Q)] のメニューと式の入力

図2(a) は，[方程式 (Q)] の下部メニューの前半です．先頭にある [方程式を解く (S)] を選択すると，図 (b) により解くべき方程式と変数の入力を求められます．たとえば，方程式 x^2-3*x+2 と変数 x を指定して [OK] をクリックすると，図3のような結果が表示されます．この場合は，[Shift]+[Enter] を押す必要はありません．式の入力を求められる画面 (b) で [OK] をクリックするだけです．

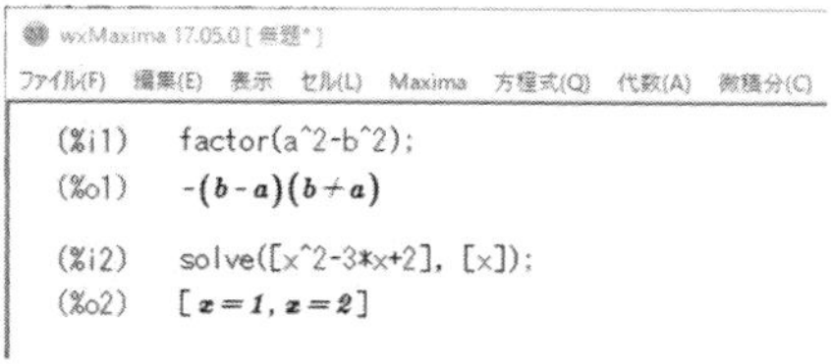

図 3 方程式の解法

この例のように，事前に式の入力を求められる箇所では [OK] を押すだけで結果が表示されます．ただし，式の入力を求めることなく，直前に出力された結果 (%) に対して処理をするだけの場合もあります．たとえば，図 4(b) で (%i3) に (x-1)*(x-2) を入力して [Shift]+[Enter] を押した後で，図 1 の上部メニューの [式の変形 (S)] のメニューから [展開 (E)] を選択すると，直前の式である (%o3) が展開されて (%o4) のように出力されます．式を入力することもなく，[Shift]+[Enter] を押す必要もありません．

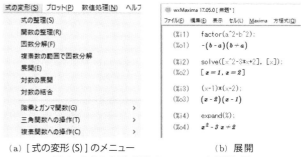

(a) [式の変形 (S)] のメニュー　　　　　　　(b) 展開
図 4 [式の変形 (S)] のメニューと展開 (E)

このように，wxMaxima では，メニューを利用することによりコマンドを打ち込む必要がありません．ただし，式の入力を求められる場合と，直前の式が処理されるだけの場合があります．これらの区別をしながら利用する必要がありますが，使用しているうちに慣れてくると思われます．

MoA と wxMaxima という異なる OS 上の Maxima を使いこなして，数学の世界をより堪能してください．

あとがき

　著者は，数式処理のできるグラフ電卓を活用した数学教育を高専で実践してきました．数学がわからなくて一人で悩んでいるとき，数式処理のできる電卓や，Maxima はその悩みを解消することができるでしょう．数式処理の機能は，単なる問題の答え合わせとして利用するだけでも大きな効果があります．さらに，数学の思考のツールとして活用すれば，数学の計算効率や思考展開のあり方を大きく変革させることができるでしょう．この機能が，スマホの無料アプリとして提供されていることは驚くべきことです．Maxima の開発グループの皆さまや，そこで利用された多くのオープンソフトウェアの開発者の皆さまにあらためて感謝の意を表します．

　本書では，主に基本的なコマンドを中心に解説しました．さらに進んだ利用法は，下記の Web サイトを参照してください．[1] は，MoA の開発者のサイトです．「数式処理」を活用して，皆さまの数学理解がさらに向上することを祈念します．

[1] Maxima で綴る数学の旅 http://maxima.hatenablog.jp/

[2] Maxima を使った物理数学基礎演習ノート
http://www9.plala.or.jp/prac-maxima/Practice-Maxima-Physical%20math.pdf

[3] 行列計算における数式処理ソフト Maxima の利用
http://www.yo.rim.or.jp/~kenrou/maxima/maxlin.pdf

[4] はじめての Maxima（1000 ページ以上の専門的な解説書です）
http://fe.math.kobe-u.ac.jp/MathLibre-doc/ponpoko/MaximaBook.pdf

(2017 年 10 月 29 日)

PS：　数式処理機能をもつグラフ電卓を利用すると，コマンドを打ち込むことなく，電卓の感覚で数式処理を利用することができます．「グラフ電卓」「数式処理」をキーワードとして Web 検索してみてください．

索　引

■ 記号・英数字

記号

, 107
(%iN) 12
. 118, 121
: 23
:= 33
; 12
\$ 24
% 21
　%iN 21
　%oN 21
　%rN 74
%e 27
%i 27, 54
%pi 27
^ 16
^^ 123

数字

16 進数 60
1 変数関数 34
2 重積分 115
2 進数 60
2 倍角の公式 81
2 変数関数 92
3 倍角の公式 82

A

abs 31
adjoint 133
algebraic 51
assume 105
atan 31
atan2 56
augcoefmatrix 132

B

bfloat 45
binomial 49
block 85

C

cabs 55
carg 55
changevar 107
coefmatrix 132
combination 49
conjugate 55
constvalue 58
copymatrix 127
cosh 31

D

define 83
demoivre 57
denom 52
dependency 102
depends 102
determinant 133
diff 36, 102, 104
divide 47
do 85
done 24

E

echelon 126
exp 31
expand 28, 54

F

factor 28, 48, 63
facts 105
fib 97

F (続き)

find_root 73
float 20
floor 87
for 85
forget 105
fpprec 45
functs 49

G

get 58
gfactor 62

I

ibase 60
if 85
ifactors 48
imagpart 55
implicit_plot 89
integrate 37, 109, 115
invert 125

K

kill 23, 33, 120

L

ldefint 113
length 87
lhs 66
limit 98
list 25
listp 95
load 49
log 31
logcontract 75
logexpand 77

143

M

matrix　120
MoA の起動　11
MoA の終了　14
mod　47

N

nouns　107
num　52
numer　20
nusum　96

O

obase　60

P

parametric　90
partfrac　65
permutation　49
physical_constants
　58
playback　16
plot2d　34, 88, 90, 91
plot3d　92, 93
polarform　57
primep　85
primes　87
propvars　58

Q

quit　14
quotient　47

R

rank　126
rat　61
ratcoef　61
rationalize　46
ratsimp　51, 54, 63
realpart　55
realroots　72
rectform　57

remove　102
return　85
rhs　66
romberg　111
rootscontract　50

S

settings　38
sin　31
solve　29, 30
solve_rec　97
sqrt　31
srestore　14
ssave　14
Std Math Keyboard
　6
sum　96

T

taylor　103
transpose　117, 124
trigexpand　80
trigreduce　81
trigsimp　78

U

units　58

W

while　85
wxMaxima　139

X

xthru　63

■ 和 文

あ 行

値の割り当て　23
　複数の値　25
陰関数　89
陰関数の導関数　102
因数分解　28, 65

実数の範囲　63
整数の範囲　28
複素数の範囲　62
右辺　66

か 行

階数　126
階段行列　126
解の公式　69
ガウス整数　62
拡大係数行列　132
拡大・縮小　34
片側極限値　99
加法定理　80
紙と鉛筆としての利用例
　部分分数分解　67
関数　31
　極値　100
　定義　33, 83
基数　60
逆行列　125
逆三角関数　31
共役複素数　55
行列　120
　階数　126
　階段行列　126
　拡大係数行列　132
　基本演算　121, 123
　基本変形　127
　逆行列　125
　行列式　133
　転置行列　124
　複製行列　127
　べき乗　123
　余因子行列　133
行列とベクトルの積　122
極限値
　片側極限値　99
　関数　98
　数列　98
極座標　91

組合せ　49

グラフ

　　1 変数関数　34

　　2 変数関数　92

　　陰関数　89

　　極座標で表された曲線　91

　　媒介変数で表された曲線　90

　　媒介変数で表された曲面　93

　　複数の関数　88

繰り返し　85

係数　61

係数行列　132

広義積分　113

項の係数　61

コマンドの一覧　18

コマンドの入力　18

コマンドの補完　18

さ 行 ——————

最小多項式　63

削除

　　値　23

　　関数　33

　　関数宣言　102

　　行列　120

　　数列　94

　　文字変数　23

　　リスト　27

左辺　66

三角関数　31

　　逆三角関数　31

　　度数法　33, 84

　　和・差に展開　80

　　和・差を整理　75

三角関数の基本公式　78

式の参照

　　出力式　21

　　入力式　21

式の修正・削除　13

式の整理　61

式の入力・出力　11

指数関数　31

四則計算　16

実数解の近似値　72

出力の抑制　24

順列　49

条件分岐　85

小数表示　20

常用対数　84

初等関数　111

数値積分　111

数の計算　16

数列

　　極限値　98

　　漸化式　97

　　定義　94

　　和　96

図形の面積　112

整数の桁数　43

積分

　　曲線で囲まれた面積　112

　　広義積分　113

　　数値積分　111

　　置換積分　107

　　定積分　37

　　不定積分　37

　　不定積分の置換積分　107

　　文字定数を含む不定積分　105

　　有理式の不定積分　109

　　累次積分　115

セッション　14

　　復元　14

　　復元内容の再表示　14

　　保存　14

絶対値関数　31

漸化式　97

素因数分解　48

双曲線関数　31

た 行 ——————

第 n 次導関数　36

対数関数　31

　　常用対数　84

　　和・差に展開　77

　　和・差を整理　75

多倍長浮動小数点数　45

単位ベクトル　118

置換積分　107

通分　63

定数

　　円周率　27

　　虚数単位　27

　　ネイピア数　27

定積分　37

テイラー展開　103

展開　65

　　三角関数　80

転置行列　124

導関数　36

　　陰関数の導関数　102

　　第 n 次導関数　36

　　偏導関数　104

トーラス　93

度数法　33, 84

な 行 ——————

内積　118

入出力式の再利用　21

入力エリア　4

任意定数　74

は 行 ——————

媒介変数　93

媒介変数表示　90

倍角公式　80

索 引　　145

パッケージ　49
　　abs_integrate　112
　　functs　49
　　implicit_plot　89
　　physical_constants
　　　　58, 138
　　solve_rec　97
微分係数　36
復元内容の再表示　14
複製行列　127
複素数　54
　　共役複素数　55
　　極形式　57
　　虚部　55
　　実部　55
　　絶対値　55
　　偏角　55
符号の指定　105
物理定数　58, 138
　　記号の一覧　58
　　定数の値　58
　　定数の単位　58
　　定数の内容　58
不定積分　37
浮動小数点数　44
部分分数分解　65
分子　52
分母　52
分母の有理化　51

平方根の積　50
べき乗の計算　16, 123
ベクトル　117, 118
　　大きさ　118
　　外積　133
　　スカラー倍　118
　　単位ベクトル　118
　　内積　118
　　和と差　118
ベクトルのなす角　119
変曲点　100
偏導関数　104
方程式の解　69
方程式の解法
　　2 次方程式　29
　　3 次・4 次方程式
　　　　69
　　解の公式　69
　　実数解の近似値　72
　　多項式でないとき
　　　　73
　　連立方程式　30

ま　行 ——————
マクローリン展開　103
マニュアル　38, 135
　　Next Example
　　　　41
　　コマンドの解説　40
　　利用言語の指定　38

無理関数　31
メニューボタン　▐　14
文字式
　　因数分解　28
　　係数　61
　　整理　61
　　展開　28
　　入力・出力　22
文字変数
　　値の割り当て　23
　　割り当ての解除　23

や　行 ——————
有効桁数　44
有効桁数の変更　45
有理化　51
有理式の不定積分　109
有理数への変換　46
余因子行列　133

ら　行 ——————
リスト　25
　　k 番目の成分　25
累次積分　115
連立方程式　30

わ　行 ——————
割り当ての解除　23
割り算の余り　47
割り算の商　47

著 者 略 歴

梅野　善雄（うめの・よしお）

　　1974 年　東北大学大学院理学研究科数学専攻修士課程修了
　　　　　　　一関工業高等専門学校一般教科助手を経て，
　　　　　　　現在 一関工業高等専門学校名誉教授

【専　門】テクノロジーを活用した数学教育

【編著書】（数学教科書シリーズの編集委員）
高専テキストシリーズ（問題集を含め全 12 巻），森北出版
工学系数学テキストシリーズ（全 5 巻），森北出版

編集担当　宮地亮介（森北出版）
編集責任　上村紗帆・富井　晃（森北出版）
組　　版　藤原印刷
印　　刷　　同
製　　本　　同

いつでも・どこでも・スマホで数学！
— Maxima on Android 活用マニュアル —　　　　　ⓒ 梅野善雄　　2017

2017 年 12 月 15 日　第 1 版第 1 刷発行　【本書の無断転載を禁ず】

著　　者　梅野善雄
発 行 者　森北博巳
発 行 所　森北出版株式会社

　　　　　東京都千代田区富士見 1-4-11（〒 102-0071）
　　　　　電話 03-3265-8341 ／ FAX 03-3264-8709
　　　　　http://www.morikita.co.jp/
　　　　　日本書籍出版協会・自然科学書協会　会員
　　　　　JCOPY ＜（社）出版者著作権管理機構 委託出版物＞

落丁・乱丁本はお取替えいたします.

Printed in Japan／ISBN978-4-627-01201-1

MEMO